[英]凯瑟琳·马什 编著

王善江 刘文斌 译

GREATEST
FIGHTER PLANES

西方战争史上的
著名战斗机

中国画报出版社·北京

图书在版编目（CIP）数据

西方战争史上的著名战斗机 /（英）凯瑟琳·马什编著；王善江，刘文斌译. -- 北京：中国画报出版社，2025.4. --（萤火虫书系）. -- ISBN 978-7-5146-2491-5

Ⅰ. E926.31-49

中国国家版本馆CIP数据核字第2025FT3713号

Articles in this issue are translated or reproduced from History of War Greatest Fighter Planes and are the copyright of or licensed to Future Publishing Limited, a Future plc group company, UK 2022.

北京市版权局著作权合同登记号：01-2024-5812

西方战争史上的著名战斗机

[英]凯瑟琳·马什　编著　　王善江　刘文斌　译

出 版 人：方允仲
责任编辑：李　媛
内文排版：郭廷欢
责任印制：焦　洋

出版发行：中国画报出版社
地　　址：中国北京市海淀区车公庄西路33号　邮　编：100048
发 行 部：010-88417418　010-68414683（传真）
总编室兼传真：010-88417359　版权部：010-88417359

开　　本：16开（787mm×1092mm）
印　　张：13.125
字　　数：120千字
版　　次：2025年4月第1版　2025年4月第1次印刷
印　　刷：北京汇瑞嘉合文化发展有限公司
书　　号：ISBN 978-7-5146-2491-5
定　　价：76.00元

欢 迎 见 证
西方战争史上的著名
战 斗 机

1940年9月7日，伦敦的天空传来引擎的轰鸣声，一场将英国逼向绝境的侵袭——"闪电战"（The Blitz）拉开了序幕。英国空军的战机升空抵御外敌，投入这场激烈的战斗中。那个时代诞生了许多具有标志性的战斗机，其中就有著名的喷火式战斗机，而它的对手，正是纳粹德国同样有名的梅塞施密特Bf-109G战斗机。不过，这种空中格斗的场景并非首次出现。

在这场空袭前约25年，世界上第一架战斗机在法国的田间诞生。自那以后，各国竞相改进飞行技术，争夺制空权。

在《西方战争史上的著名战斗机》一书中，您可以进入伏瓦辛III的革命性驾驶舱，跟随三菱A6M零式俯瞰世界，了解霍克飓风和喷火式SM520如何成为一个时代的标志，以及"二战"之后的格罗斯特流星FR.9和如今的F-15鹰式做了哪些改进。

目 录

第一次世界大战

- 8 伏瓦辛III
- 12 布里斯托尔F.2B
- 20 福克D.VII
- 30 索普威思小狗式
- 41 信天翁D.Va
- 51 纽波特17

第二次世界大战

- 62　喷火式SM520
- 74　三菱A6M 零式
- 82　德·哈维兰DH.98蚊式
- 94　梅塞施密特Bf-109G
- 104　北美航空P-51野马
- 114　霍克飓风
- 124　梅塞施密特Me-262

"二战"之后

- 136　格罗斯特流星FR.9
- 144　通用动力F-111土豚
- 156　英国宇航鹞式GR9
- 166　格鲁曼F-14D"雄猫"
- 178　布莱克本掠夺者S.2
- 190　帕那维亚狂风
- 202　F-15鹰式

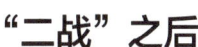

第一次世界大战

- 8 伏瓦辛III
- 12 布里斯托尔F.2B
- 20 福克D.VII
- 30 索普威思小狗式
- 41 信天翁D.Va
- 51 纽波特17

伏瓦辛 III

这种推进式双翼飞机是"一战"
初期协约国的标准轰炸机

文/哈雷斯·阿尔·布斯塔尼

机载武器
机身装有霍奇克斯M1914重机枪,由一名观察员站立操作。

轻质机身
得益于轻质钢材打造的机身,伏瓦辛III最高速度可达113公里/小时(约70英里/小时),航程可达200公里(约124英里)。

第一次世界大战期间，一架伏瓦辛III双翼飞机从意大利起飞

第一次世界大战爆发仅数月，一架伏瓦辛III飞机就开创了首次在空中击落敌机的先例。

伏瓦辛 III

服役时间：	1914年
制造国家：	法国
机身长度：	9.5米（约31英尺2英寸）
翼展长度：	14.74米（约48英尺4英寸）
续航时长：	4.5小时
动力来源：	莎尔玛生M9（150匹马力）
机组人员：	2人
机载武器：	机身装有1挺霍奇克斯M1914重机枪

法国制造

尽管伏瓦辛III在设计上流淌着法兰西血液，但俄国买走了800架，还另外在授权下制造了400架，其中有100架在意大利制造，50架在英国制造。

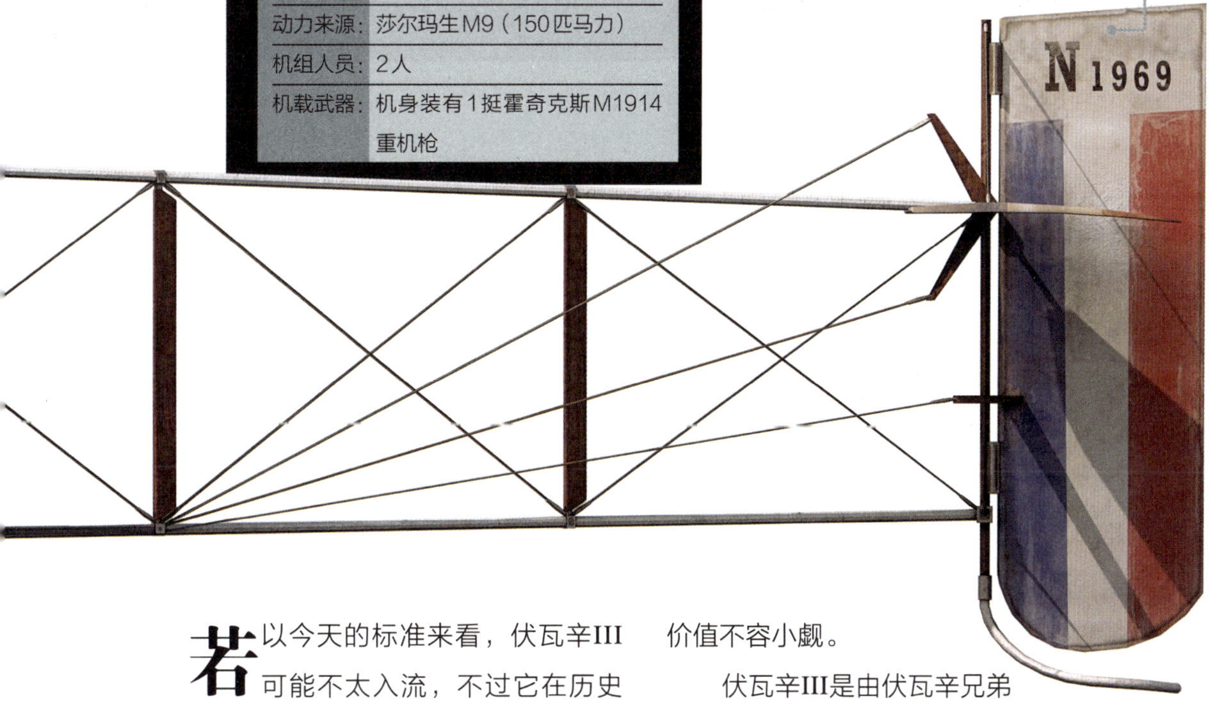

若以今天的标准来看，伏瓦辛III可能不太入流，不过它在历史上的地位是独一无二的。1914年10月5日，伏瓦辛III成为"一战"期间首次赢得空战并击落敌机的飞机。它体形虽小，但价值不容小觑。

伏瓦辛III是由伏瓦辛兄弟二人加布里埃尔·伏瓦辛（Gabriel Voisin）和夏尔·伏瓦辛（Charles Voisin）设计的。顾名思义，伏瓦辛III并不是兄弟俩设计的

▲ 机坪上一字排开的伏瓦辛III飞机，摄于1914年前后

第一架飞机。从1905年起，加布里埃尔就开始制造商用飞机，两年之后才与夏尔联手。

1912年，兄弟二人初次涉足军用飞机领域，造出了伏瓦辛I，并花了两年时间将其改进为伏瓦辛III。事实证明这种改进效果显著，第一次世界大战期间生产了1350多架伏瓦辛III。这些飞机不仅服役于法国空军和海军，还供应给或授权让英国、俄罗斯帝国、意大利和美国在内的12个国家制造使用。

设计之初，伏瓦辛兄弟就贯彻"多用途"的理念。这种推进式双翼飞机采用轻质钢材打造，可以用于侦查和训练。不过，它最举足轻重的角色是世界首批专用轰炸机之一。伏瓦辛III能携带150公斤（330磅）的炸弹，是法国战略轰炸力量的组成部分，而法国也成为西线战场上首个组建专门轰炸机编队的国家。1914年8月14日，法国派遣一支伏瓦辛飞机编队进攻德国飞艇机库，这是人类历史上首次有组织的飞机轰炸行动。

战争持续进行，飞行员不分昼夜，对着目标狂轰滥炸。1915年初，他们驾驶

▲ 俄军飞行员将炸弹固定在伏瓦辛Ⅲ飞机上

的飞机如入无人之境，轰炸行动畅通无阻、所向披靡。

伏瓦辛Ⅲ还是欧洲历史上最早的攻击机之一，战功卓越。第一次世界大战爆发仅数月，一架伏瓦辛Ⅲ就成为历史上首次在空中击落敌机的战斗机。在法国兰斯（Reims）的容什里（Jonchery）上空，约瑟夫·弗朗茨（Joseph Frantz）中士和路易·克诺（Louis Quénault）下士用机枪击落了一架德军阿维亚蒂克B.Ⅱ战斗机，成为法国的英雄。这就是世界首次空对空作战，法国人击落敌机，被载入史册。

随着战争推进，技术也在不断进步。德国加紧研发自己的战斗机，法国的空中优势不复存在。同盟国的新式飞机层出不穷，伏瓦辛Ⅲ似乎已无立足之地。面对德国新式战斗机的挑战，伏瓦辛Ⅲ显得越来越力不从心。不过，新型的伏瓦辛Ⅴ和伏瓦辛Ⅷ战斗机能够抵御敌人的进攻。

显然，伏瓦辛Ⅲ已经过时了。它于1916年停产，最终淡出了历史舞台。即便伏瓦辛Ⅲ已无法在战火纷飞的欧洲天空取得优势，但在"一战"初期，它的确证明了自己的价值。

布里斯托尔 F.2B

英国出色的双座全能战斗机，于"血腥四月"①后闪亮登场

文 / 斯图尔特·哈达威

宽大机头
标志性的宽大机头由百叶窗式的板条组成，可以调节发动机的进气量。

有利位置
机身位于上下两翼的中间位置，这样的设计让飞行员的视线不再受到上翼的遮挡，从而拥有更好的飞行视野。

稳定装置
布里斯托尔F.2B降落时的稳定性是出了名的糟糕，这些环状稳定装置的设计目的是防止翼尖插入地面，从而避免飞机受损。

---
① 1917年，德国凭借信天翁战斗机令协约国损失惨重。

1917年，布里斯托尔F.2战斗机横空出世，不过由于其早期机型受到发动机故障的困扰，因此它加入英国皇家飞行队（RFC）的过程并不顺利。后来，换上了罗尔斯·罗伊斯"猎鹰"发动机的F.2B一举成为"一战"期间最为出色的战斗机机型之一。作为一款双座飞机，它可以快速、轻松地执行轰炸、侦察摄影和对地攻击的任务，同时还具备高机动性，能够在

布里斯托尔 F.2B

服役时间：	1916年
制造国家：	英国
机身长度：	7.87米（25英尺10英寸）
翼展长度：	11.96米（39英尺2英寸）
续航时长：	3小时
动力来源：	罗尔斯·罗伊斯"猎鹰"205千瓦（275匹马力）12缸风冷直列发动机
机组人员：	2人
机载武器：	1挺0.303英寸（7.7毫米）口径维克斯机枪，2挺0.303英寸（7.7毫米）口径刘易斯机枪，110公斤（242磅）炸弹，272公斤（600磅）炸弹

奥尔迪斯瞄具
这种非望远镜式瞄具由多个透镜组成，这些透镜配有做了标记的瞄准环，非常适合远距离射击，但是在激烈的空中缠斗中几无用武之地。

全方位射界
英国人发明的斯卡夫环，能够让机枪迅速转向，将枪口对准几乎任何方向。

布里斯托尔F.2B战斗机飞行可靠、结构坚固、性能全面，因此在20世纪20至30年代，接连在初创的英国皇家空军（RAF）和其他部队服役。

▲ 飞行中的布里斯托尔战斗机，摄于1920年前后

▲ 布里斯托尔战斗机从地面取走情报，摄于20世纪20年代

近距离与最出色的战斗机一决高下。1917年夏，装备了布里斯托尔F.2B战斗机的英国皇家飞行队，在西线战场重夺空中优势，它也因此获得了一个亲切的绰号——"比夫"（重拳）。

布里斯托尔F.2B战斗机飞行可靠、结构坚固、性能全面，因此在20世纪20至30年代，接连在初创的英国皇家空军（RAF）和其他部队服役。布里斯托尔F.2B战斗机能在西北前线以及伊拉克的恶劣条件下作战，还能一机多用，完美适配了彼时不堪负荷、资金短缺的皇家空军。后来，这款战斗机还承担着为英国进行治安维保的任务，最终于1932年从皇家空军退役。

机组人员很快发现，最好把布里斯托尔F.2B当成单座飞机使用，也就是让飞行员专注于"击杀"，观察员留心后方。

两名澳大利亚飞行员与飞机上"强大的后方火力"合影，摄于1918年

武器装备

布里斯托尔战斗机配备了1挺0.303英寸（7.7毫米）维克斯机枪，由飞行员操作向前射击，而后方的观察员则配备了1到2挺装有弹鼓的0.303英寸（7.7毫米）刘易斯机枪，安装在斯卡夫环上。尽管设计初衷是双座战斗机，但机组人员很快发现最好将其当作单座战斗机来使用，也就是让飞行员专注于"击杀"，而观察员则负责留心后方。布里斯托尔战斗机最多还可携带12枚20磅（9公斤）的库珀炸弹。

▲ 通过发动机舱的顶部，飞行员的机枪直接向前方射击

结构设计

▲ F.2B机身短宽，但却拥有流线型设计，因此其速度极快、坚固耐用

实际上，"比夫"的强大之处在于极其坚固的木制框架。这种结构令其能像轻型飞机一样在天空中任意翱翔，并且提供了良好的生存能力。由于装备了高弹性悬挂系统，飞机在滑行时容易"摇摆"，起飞或着陆时机身容易倾斜并卡住机翼或损坏轮胎。战争期间，如果要在崎岖的简易跑道上起降，通常会在机身上安装备用轮胎。

▲ 半拆解状态的布里斯托尔F.2B战斗机，陈列于亨顿皇家空军博物馆，完美展现了飞机的构造

动力来源

由于发动机持续短缺，早期的布里斯托尔战斗机搭载了多种并不适配的发动机，所以饱受发动机问题的困扰。如果数量充足，那么罗尔斯·罗伊斯"猎鹰"发动机就是不二之选。这是一款12缸风冷直列发动机，预热时间较长（也就是说，布里斯托尔战斗机无法像同时期的战斗机那样"快速升空"），但一旦升空，就会展现出可靠性和强大的性能。这种发动机经历了几次改进，其中Mk.III型一直生产至1927年。

▼ 飞行员和观察员站在布里斯托尔F.2B战斗机前

▲ 罗尔斯·罗伊斯"猎鹰"III是该系列的最后一款发动机

服役历史

布里斯托尔战斗机设计于1916年，用以替换老旧的BE2飞机。不过，发动机的问题延缓了飞机投入使用的时间。1917年，布里斯托尔战斗机在"血腥四月"中首次亮相，便遭受了重大损失，因为机组人员将其当作双座飞机，采取了防御性的飞行策略。1917年6月，改良版的F.2B机型开始服役，机组人员立即意识到"比夫"具有强大的进攻潜力，而且它变得越来越强大。布里斯托尔F.2B比同时期的大多数德国战斗机更加出色，即便到了1918年末，它依然能与最新型的敌方战机分庭抗礼。"比夫"主要用于英国本土防御和意大利战场。1917年10月，6架F.2B战斗机飞抵巴勒斯坦，帮助英国在该战区确立了空中优势。因其功能全面、飞行可靠，布里斯托尔F.2B在英国皇家空军一直服役到1932年，主要是在印度西北边境等地作战。

1918年7月，阿金库尔田野上的布里斯托尔战斗机

（射手舱无人或无等重载荷时，飞机不得飞行）

布里斯托尔战斗机列队等待升空，1918年摄于法国

因其功能全面、飞行可靠，布里斯托尔战斗机在英国皇家空军一直服役到1932年。

驾驶座舱

即便对于开放式驾驶舱的双翼飞机来说，"比夫"驾驶舱的噪声也是够大的了。不过，飞行员和观察员的视野极佳，几乎没有视线盲区。在当时来看，飞行员的控制装置已相当齐全且布局合理。观察员拥有良好的射击视野，可以旋转斯卡夫环，让火力覆盖大部分区域。观察员的座舱内甚至配有一套小型的基础升降舵和方向舵，飞行员阵亡或受伤时，观察员也可以在一定程度上操纵飞机。

观察员视野十分开阔，可全方位观察

福克 D.VII

福克D.VII可以说是"一战"期间最优秀的战斗机

文 / 斯图尔特·哈达威

方正机头
钝平的前脸，加上"汽车式"散热器，意味着福克D.VII缺乏其他德国战斗机（如信天翁和普法尔茨）的优美线条。

结构坚固
福克D.VII的悬臂翼非常坚固，因此无须安装那个时代飞机上常见的支撑线。

下翼结实
许多德国战斗机的主翼梁比较脆弱，俯冲时容易发生危险。不过，福克D.VII不用担心这个问题，因为其一体化设计的下翼是整片安装到机身上的。

福克D.VII是"一战"期间最优秀的战斗机之一，在一些人眼中，甚至没有"之一"。它速度快，机动性强，易于操控，并且没有其他德国战斗机普遍存在的结构问题。即便是新手也能很好地驾驶，而在飞行专家手中，D.VII更是威力无穷。D.VII出自福克公司的首席设计师莱因霍尔德·普拉茨（Reinhold Platz）之手，原本就已非常优秀，经过安东尼·福克（Anthony Fokker）的改良后变得更加完美。金属管状框架让福克D.VII坚固无比，它失速特性温和，飞行员在飞机爬升至顶点时可以获得宝贵的几秒钟，保持对飞机的控制，而不是像其他飞机那样容易进入旋转状态。

福克D.VII令人生畏，因此，第一次世界大战结束时，战胜的协约国在和平条约中加入了一项条款，要求德国交出1700架该型飞机。但福克D.VII在德国继续生产，直至1919年，而福克本人后来则设法在他的祖国荷兰继续生产这种飞机。

男爵之选
曼弗雷德·冯·里希特霍芬（又名红男爵）试飞后，福克D.VII的尾翼增加了三角结构。机身也被加长，以改善方向控制（特别是俯冲时）。

福克 D.VII

服役时间：	1918年
制造国家：	德国
机身长度：	6.95米（23英尺）
翼展长度：	8.90米（29英尺）
动力来源：	宝马138千瓦（185马力）风冷直列发动机
机组人员：	1人
机载武器：	2挺7.92毫米口径斯潘道LMG08/15机枪

福克D.VII令人生畏，因此，第一次世界大战结束时，战胜的协约国在和平条约中加入了一项条款，要求德国交出1700架这种飞机。

"一战"结束后,一些被征用的福克D.VII战斗机用于拍摄电影,比如霍华德·休斯(Howard Hughes)的经典电影《地狱天使》中的这两架飞机

空弹壳从飞机侧面的托盘弹出,在某些飞行状态下,飞行员可能会被滚烫的黄铜弹壳扫到。

武器装备

福克D.VII装备了2挺LMG08/55口径为7.92毫米的弹链供弹式风冷机枪。每挺机枪的弹药箱可装下500发子弹,但由于位置紧挨着发动机,在服役初期曾发生过多次弹药过热引起的爆炸事故。空弹链被送入机枪另一侧的容器中,而空弹壳从飞机侧面的托盘弹出,在某些飞行状态下,飞行员可能会被滚烫的黄铜弹壳扫到 。

2挺斯潘道LMG08/15机枪和弹链供弹托盘清晰可见。置于发动机后方的弹药箱容易过热

▲ "一战"幸存的德国王牌飞行员恩斯特·乌德特（Emst Udet），站在他的福克D.VII战斗机旁

结构设计

福克D.VII的机身、尾翼和水平尾翼使用焊接钢架并覆有织物蒙皮，既轻便又坚固。驾驶舱前方和机翼前缘覆盖了金属板，而机翼本身则是木制框架。下翼采用悬臂式设计，没有当时常见的主翼梁，整片机翼一体成型。这种设计意味着福克飞机不需要支撑线。

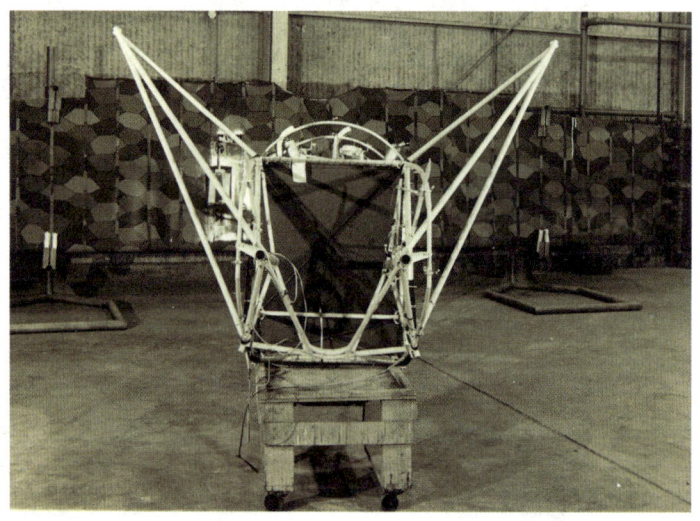

▲ 福克D.VII的钢管框架在"一战"的战斗机中非常少见，这种设计赋予了它极大的强度

动力来源

福克D.VII战斗机最初搭配了134千瓦（约180马力）梅赛德斯D.IIIa型和D.IIIaü型发动机，后来部分机型换上了138千瓦（约185马力）的宝马D.IIIa型发动机。两家厂商提供的都是六缸直列水冷发动机，但宝马发动机具有更高的压缩比和高度调节化油器。这为发动机提供了额外动力，但处于低海拔（低于2000米/6600英尺）时可能存在引擎损坏的重大风险。搭载宝马发动机的机型称为福克D.VII（F）。

▲ 梅赛德斯D.III型发动机（一部分），陈列于梅赛德斯-奔驰博物馆

▲ 福克D.VII的驾驶舱，2挺机枪的枪托间有块突起的转速表

驾驶座舱

福克D.VII的开放式驾驶舱是"一战"期间战斗机的普遍特征,但有一个区别,就是它的空间宽敞,飞行员可以随身携带降落伞,这是德国机组人员刚刚引进的装备。枪托位于飞行员面前仪表板的上方,航空罗盘则在右腿旁。和所有德国飞机一样,福克D.VII的油门杆向后拉是加速,向前推是减速。

▼ 1918年10月前后,鲁道夫·赫斯(Rudolf Hess)中尉坐在他的福克D.VII的驾驶舱内,摄于比利时沙勒罗瓦附近的戈塞利

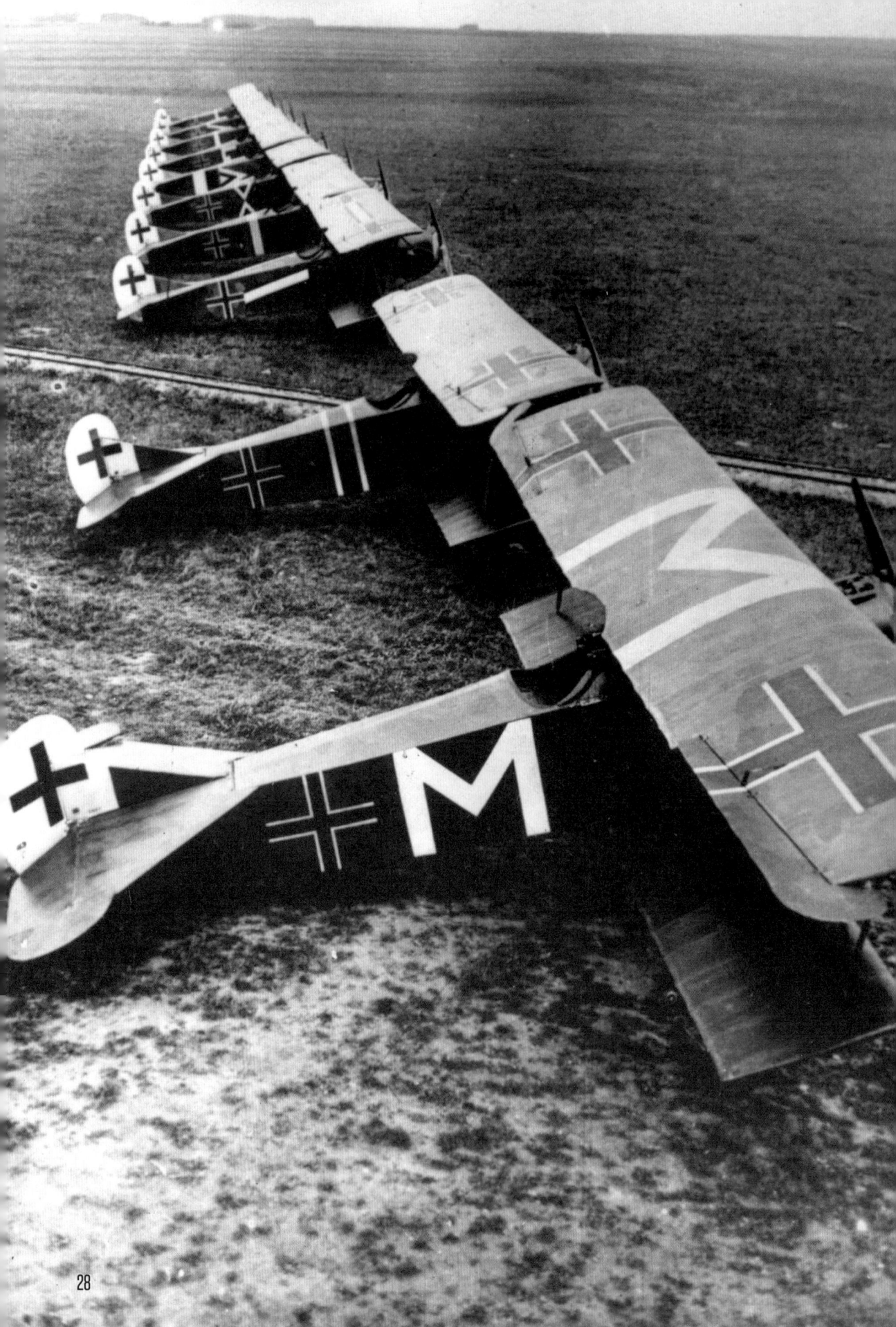

◀ 1918年7月,第72狩猎中队的福克D.VII战斗机一字排开,摄于法国贝尔尼库尔

▲ 第18狩猎中队的君特·冯·布伦(Gunther von Buren,中)中尉与他的D.VII合影

服役历史

1918年1月,福克D.VII在德国战斗机选拔测试中脱颖而出,评选委员会成员包括德国王牌飞行员"红男爵"曼弗雷德·冯·里希特霍芬。首批飞机于1918年4月下旬抵达西线战场,尽管此时"红男爵"已经去世,但这批D.VII战斗机还是分配给了他的旧部。协约国飞行员很快对这种新型战斗机心生敬意——虽然没有其他德国战斗机那样的优美线条,但也没有那些飞机的结构性弱点。D.VII速度快,机动性强,易于驾驶,即使在相对缺乏经验的飞行员手中也能发挥致命的威力。然而,D.VII战斗机姗姗来迟且产量不多,无法阻止德国的溃败。

战后,许多协约国获得了福克D.VII,并部署使用。福克D.VII战斗机的生产断断续续持续到20世纪20年代后期。美国、苏联以及许多东欧和波罗的海国家都使用过这种机型,而比利时和瑞士则一直使用到了20世纪30年代。

▶ 第65狩猎中队编号"U.10"的福克D.VII战斗机,现陈列于华盛顿特区的美国国家航空航天博物馆

索普威思小狗式

见识一下曾让德国人尝到苦头，结束"福克灾难"的战斗机

文/杰克·格里菲斯

▼ 由于体型小巧，这款战斗机最初的绰号为"小狗"，后来这个昵称流行开来，最终取代了官方"侦察兵"的称号

索普威思小狗式

战斗定位：	单座战斗侦察机
服役时间：	1916至1917年
机身长度：	5.9米（19英尺3.75英寸）
翼展长度：	8.1米（26英尺6英寸）
最大空速：	179.4公里/小时（111.5英里/小时）
实用升限：	5334米（17500英尺）
动力来源：	59.65千瓦（80马力）莱罗纳旋转发动机
武器装备：	维克斯0.303英寸（7.7毫米）口径机枪，刘易斯机枪（部分机型），勒普里厄火箭弹

这款单座战斗机配备固定式机枪，于1916年开始服役，将战争从法兰西上空带回到德国人头顶。

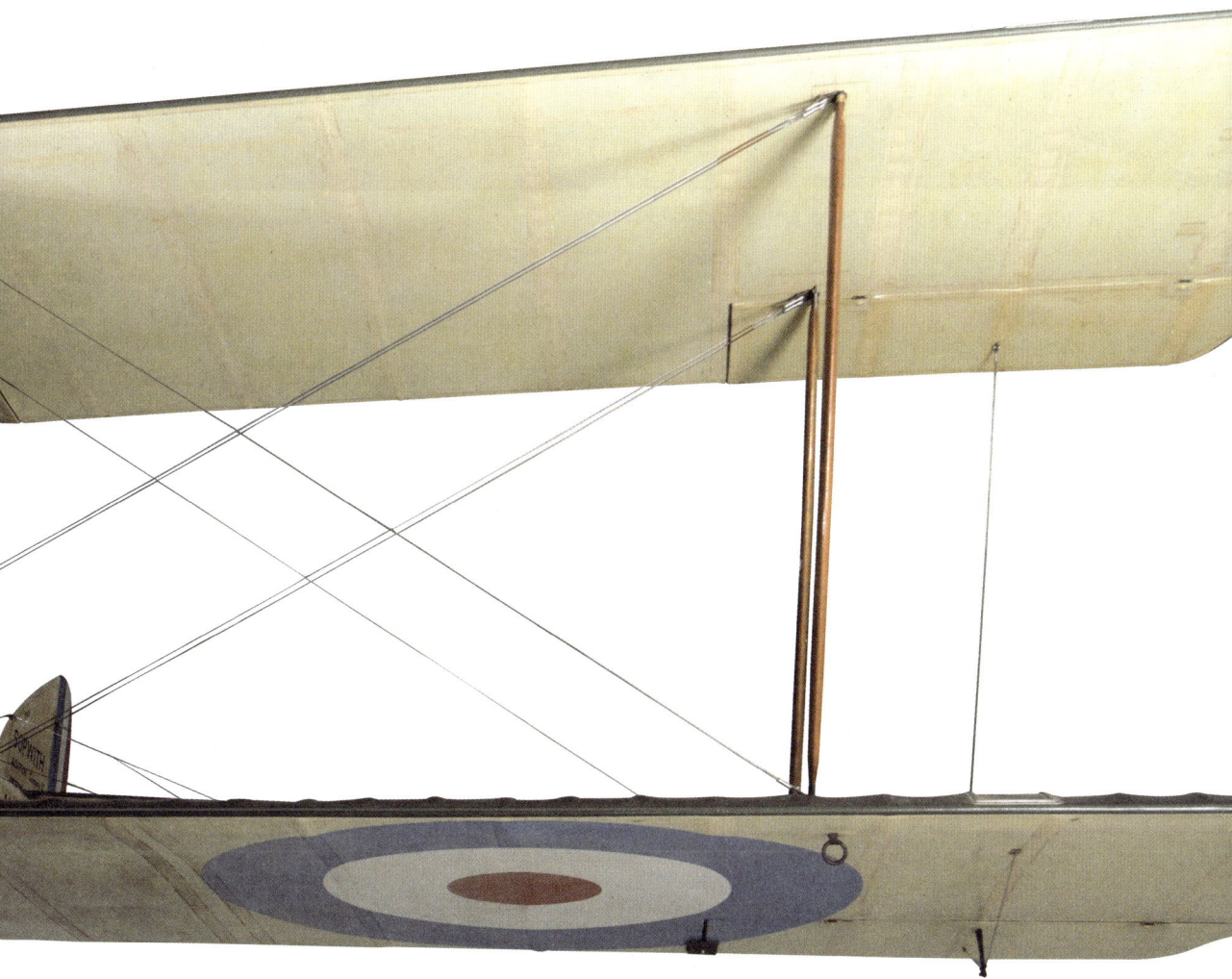

作为索普威思骆驼式和SE5战斗机的前身，小狗式战斗机是第一次世界大战中期皇家飞行队最出色的飞机之一。小狗式的设计并非首创，外形源自其体型更大的同源兄弟——索普威思1½斯特鲁特战斗机（Sopwith 1½ Strutter），不过它立即展现了出色的性能。这款单座战斗机配备固定式机枪，于1916年开始服

▲ 小狗式战斗机是索普威思公司最具标志性的设计之一

役，将战争从法兰西上空带回到了德国人头顶。

随着航空首次成为战争的重要组成部分，共有1770架小狗式战斗机走下生产线，广泛用于西线战场。小狗式战斗机操控灵敏，机动灵活，很快受到飞行员们的青睐，但是随着德国信天翁D.III战斗机迎头赶超，在1917年末，它就逐渐退出了历史舞台。

战争后期，小狗式战斗机被赋予了新的职责：保护英国免受齐柏林飞艇的威胁。它们装备了强劲的发动机，帮助抵御德意志帝国代号为"土耳其十字行动"的空中轰炸。战后，小狗式战斗机成为新组建的英国皇家空军的飞行员训练机。时至今日，小狗式战斗机仍然是一款标志性的飞机，让人们想起那个军用航空刚刚起步的年代。能让人如此怀旧的飞机着实不多。

在尚无航空母舰的时代，一架小狗式战斗机从反击号战列巡洋舰上起飞

驾驶舱看起来平平无奇,但在西线战场上却战功赫赫

飞机的轮子通常配有滑橇式起落架,以辅助飞机着陆

驾驶座舱

据说,小狗式战斗机的蓝图最初是试飞员哈里·霍克(Harry Hawker)用粉笔在金斯顿的一家商店地板上勾画出来的。尽管如此,小狗式战斗机的飞行性能却超过了许多同时代的飞机。它的操控非常平稳,在射击断续器的加持下,飞机上的0.303英寸(7.7毫米)口径维克斯机枪可以穿过飞机的螺旋桨向前射击。

维克斯机枪容易过热,这是一个通病,所以冷却管上设有开孔,以便空气能够更快地冷却枪体。作为一款战斗侦察机,小狗式战斗机的简洁设计成为后来索普威思各种衍生机型的模板。在军用航空早期,生产线上快速涌现出一批又一批新型和升级版原型飞机。如此一来,小狗式战斗机很快就被更先进的机型取而代之,这些新式飞机蓄势待发,随时准备飞越法国上空。

在军用航空早期,生产线上快速涌现出一批又一批新型和升级版原型飞机。

▲ 莱罗纳发动机并不仅用于小狗式战斗机，索普威思骆驼式战斗机和德国的福克Dr.1三翼机也搭载这款发动机

莱罗纳发动机

这款功率为59.65千瓦（80马力）的莱罗纳旋转发动机，能够在14分钟内帮助小狗式战斗机爬升至3048米（10000英尺）。小狗式战斗机机动性能超群，皇家飞行队的飞机得以在德国对手面前占据上风，并且终结了1916年的"福克灾难"，那时的德国福克飞机完全碾压英国对手。

战争后期，索普威思骆驼式战斗机问世，与小狗式战斗机相比，这款战斗机更重、体型更大、不易操纵。不过，只要掌握了操控技巧，骆驼式飞机就能带来更高的回报。小狗式战斗机从前线作战转到本土防卫，搭载了强大的74.56千瓦（100马力）发动机，爬升速率得到了明显提升。小狗式战斗机在皇家飞行队中战绩不凡，此外，它还服役过许多英联邦国家、俄国和美国的空军部队。

前航空母舰时代

小狗式战斗机如何完成在移动船只上降落的创举

索普威思小狗式战斗机不仅在西线战场上表现出色,而且还因其卓越的着陆能力而一举成名。小狗式战斗机配备了滑橇式起落架,这种设计用于捕捉舰船甲板上设置的阻拦索。1917年8月2日,埃德温·邓宁(Edwin Dunning)中校驾驶小狗式战斗机在暴怒号战列巡洋舰上降落,首次完成在飞行甲板上着陆的壮举。

同年8月7日,邓宁再次成功地在海上降落,但他的第三次尝试就没那么幸运了。邓宁驾驶飞机接近暴怒号时,发动机熄火,他试图拉升飞机,但为时已晚,飞机在重着陆时爆胎,并被上升气流抛入大海。邓宁在驾驶舱内被甩来甩去,失去了意识,最终在沉没的飞机中溺亡。

▼ 邓宁的不幸离世令人震惊,但他证明了飞机可以在海上着陆,从而改变了航空业的面貌

小狗式战斗机配备了滑橇式起落架,这种设计用于捕捉舰船甲板上设置的阻拦索。

▲ 小狗式战斗机外形简单,看着有些弱不禁风,但它坚固耐用,并装备了当时最新的航空技术

结构设计

> 机身结构轻巧又坚固,极大提高了飞行时的最大空速和爬升率。

为了提高能见度,飞机上翼中间被切掉了一部分。每片机翼都装有副翼和斜削式翼尖,用以提高飞机的操控性和稳定性。机身结构轻巧又坚固,极大提高了飞行时的最大空速和爬升率。

小狗式战斗机再次领到防御任务时,除了标准的维克斯机枪外,还增配了额外的武器装备。每片机翼上装有4枚勒普里厄火箭弹,用于攻击伦敦上空的齐柏林飞艇。火箭弹精准度欠佳,因此从未击落任何飞艇,不过这些火箭弹的确造成了破坏,有效阻止了敌方的监视气球。战争后期,火箭弹被燃烧弹取而代之。

▲ 小狗式战斗机的整个发动机外壳旋转时,只有曲轴保持固定不动

▲ 小狗式是一款木制框架、帆布蒙皮的单座战斗机

索普威思小狗式战斗机飞行员

皇家飞行队飞行员的制服注重舒适、防护和保暖性能。为了抵御严寒、避免寒风造成的皮肤损伤,飞行员们始终裹着厚重的皮大衣和围巾。各式各样的碎片可能会飞向飞行员的面部,因此,在开放式驾驶舱内,护目镜和飞行头盔就成了必备物资。坚固的靴子亦不可或缺,要经得起驾驶时的磨损。

护目镜和飞行头盔是必备物资。

▲ 索普威思三翼机是一款试验性飞机,虽少量生产,但足以对抗德国的福克战机

▲ 骆驼式战斗机装备2挺维克斯0.303英寸(7.7毫米)口径机枪,机动性极强,1917年6月服役后大展拳脚

▲ 开创性设计的斯特鲁特,是首款配备同步机枪的英国战斗机

索普威思飞机园

索普威思航空公司在英国空战中的主导地位

索普威思航空公司由托马斯·奥克塔夫·默多克·索普威思(Thomas Octave Murdoch Sopwith)创立,起初规模不大,但很快发展成"一战"期间飞机的主要设计者之一。短短8年内,索普威思公司工厂的占地面积就扩张到14英亩(5.67公顷),拥有3500名员工。"一战"期间,英国空军有25%的飞机由索普威思公司设计,60%的单座飞机由该公司制造。战争结束后,世界迎来和平,战斗机的需求随之减少。索普威思公司未能利用其行业内的优势地位,转型失败,最终于1920年倒闭。

信天翁 D.Va 战斗机

服役时间：	1917年
制造国家：	德国
机身长度：	7.33米（24英尺）
翼展长度：	9.05米（29英尺8英寸）
动力来源：	梅赛德斯D.IIIA 127—138千瓦（170—185马力）
机组人员：	1人
主要武器：	2挺 斯 潘 道LMG 08/15机 枪，口径为7.92毫米（0.312英寸）

引擎裸露
为了方便维护，发动机大部分部件暴露在整流罩之外，机头周围的金属面板可以轻松拆卸。

视野更佳
有了"N"形支柱，上翼的位置可以更低，从而在不损失结构强度的情况下，为飞行员提供更好的前方和上方视野。

薄弱之处
下翼主梁是D.V和D.Va机型上人尽皆知的薄弱之处，尽管D.Va将其位置前移在一定程度上缓解了这个问题。

信天翁 D.Va

"一战"期间,德国信天翁系列战斗机中最后一款,或许是最不成功的型号

文/斯图尔特·哈达威

坚固机身
同时代的多数飞机都覆盖了织物蒙皮,但信天翁的机身框架由8条纵梁构成,上面覆盖着胶合板,形成了一个半硬壳结构。

▲ 曼弗雷德·冯·里希特霍芬的信天翁D.V战斗机，他并不觉得其设计有多惊艳

1916
年起，信天翁飞机公司生产了一系列德国最成功的战斗机。在同年秋季的索姆河战役中，信天翁D.I战斗机帮德国人从英国人手中重新夺回了空中优势，改良后的D.II也加入了战斗。1917年初，经过重新设计的D.III问世，成为王牌飞行员"红男爵"曼弗雷德冯·里希特霍芬最常使用的座驾。D.V的重新设计更为彻底，但保留了信天翁系列战斗机独有的流线型机身和铲形横尾翼。

1917年初夏，随着D.V投入使用，一些严重缺陷暴露了出来，包括发动机动力不足和上下机翼的结构性弱点。同年晚夏，信天翁公司推出的改良版D.Va，配备了性能更为强劲的发动机，不过仍未完全达到预期效果。信天翁D.V和D.Va（以及较老

▲ 第2狩猎中队的飞行员在信天翁D.Va战斗机前合影

的D.III）共同组成了德国战斗机部队的主体力量，直到战争结束。在技术娴熟的飞行员手中，它们能够与当时最新型的协约国战斗机抗衡，但却无法再现1916年和1917年初的辉煌战绩。

信天翁战斗机外形独特,平滑的流线型机身覆盖了胶合板,呈半硬壳结构。

▲ 德国第26战斗机联队的飞行员站在信天翁战斗机前

▲ 第31狩猎中队的弗里茨·雅各布森上尉站在D.V战斗机前,即使按照德国的标准来看,机身涂装也十分华丽

武器装备

信天翁D.V配备2挺7.92毫米口径(0.312英寸)斯潘道LMG 08/15机枪,固定在驾驶舱前方的整流罩上,通过射击断续器向前方射击,以防止子弹击中螺旋桨叶片。LMG 08/15机枪是德国陆军标准机枪的简化版本,并采用了风冷设计。每挺机枪都有单独的扳机,可以独立射击。机枪采用弹链供弹,空弹链会被收集到弹鼓中以便再次使用,而用过的弹壳则被抛出机外。

▲ 亨顿皇家空军博物馆中一架信天翁D.Va战斗机复制模型

▲ 信天翁圆形胶合板的机身别具一格，当时的大多数飞机都是方方正正的、覆盖织物蒙皮的框架结构

▲ 1918年1月2日，一架信天翁D.V战斗机在法国苏伊

结构设计

信天翁战斗机外形独特，拥有平滑及流线型的半硬壳机身。早期型号的机身两侧较为扁平，相较之下，信天翁D.V更为圆润。它的机翼是木质框架覆盖织物蒙皮，存在两个弱点。上翼的翼尖容易出现裂纹并折断，这虽是个问题，但并不致命。更为严重的是，飞机俯冲时，下翼的主翼梁容易断裂，罪魁祸首是下降时产生的震动，而非结构应力。人们花了很长时间才找到个中原因，但却无法完全修复这个缺陷。

动力来源

D.V搭载了梅赛德斯D.III 120千瓦（160马力）发动机。D.Va的发动机升级为D.IIIa，通过提高压缩比和增大气缸与活塞的尺寸，将功率提升为127—138千瓦（170—185马力）。这款发动机的大部分气缸裸露在外，便于维护。为了达到更好的空气动力学效果，两叶螺旋桨上方安装了一个大型纺锤形整流罩。整流罩的直径略小于后面的机身，空气得以流入整流罩并经过曲轴箱，帮助冷却发动机。

▲ 精心设计的信天翁机头呈流线型，有助于发动机冷却

曼弗雷德·冯·里希特霍芬指责这款飞机是"如此过时、如此荒唐、如此低劣"。

▲ D.V的驾驶舱设备简陋但功能齐全

▲ 飞行中的信天翁D.Va战斗机模型驾驶舱

驾驶座舱

即便以第一次世界大战的标准来看，信天翁战斗机的驾驶舱也是相当简陋。基础的仪表盘安装在2挺斯潘道机枪的枪托周围，而这些枪托向后延伸到飞行员前方。驾驶舱的前壁是主燃油箱，油门在左侧，向后拉动油门杆来给飞机加速。铲形操纵杆上配有两个独立扳机，分别控制1挺机枪。

"红男爵"对D.V的性能极为不满

服役历史

▲ 1918年9月,一架被缴获的信天翁D.Va战斗机停放在巴勒斯坦

信天翁D.V战斗机于1917年4月问世,并于同年次月开始服役。不过,它的表现未能达到预期效果。1917年7月,曼弗雷德·冯·里希特霍芬指责这架飞机是"如此过时、如此荒唐、如此低劣"。设计师们马上做出了回应,推出了D.Va,旨在解决最明显的问题——动力不足(因此影响速度和机动性能),以及某些结构性弱点。1917年10月,D.Va投入使用,尽管在某些方面有所改进,但整体表现仍显平庸。虽说如此,直到1918年春季福克D.VII问世以前,D.Va都算是德国空军最出色的战斗机,是大部分作战部队的主力机型。至1918年4月,已有超过1000架D.V和D.Va在服役,不过飞机的生产于当月戛然而止,随着战争的持续,这些飞机的数量开始慢慢减少。

▲ 第12狩猎中队的信天翁D.Va战斗机从法国起飞

纽波特 17

服役时间：	1916年
制造国家：	法国
机身长度：	5.8米（19英尺）
翼展长度：	8.16米（26英尺9英寸）
动力来源：	82千瓦（110马力）莱罗纳9J发动机
机组人员：	1人
主要武器：	1挺7.7毫米（0.303英寸）口径维克斯机枪，或刘易斯机枪
辅助武器：	8枚勒普里厄反气球火箭弹

福斯特架
早期的纽波特飞机为上翼机枪配备了简单的铰链式固定装置，后来皇家飞行队第11中队的福斯特（Foster）中士设计了机枪架，让飞行员能够将机枪沿着轨道向后拉回，重新装弹，或向上射击。

V形支撑结构的弱点
上下翼的尺寸不一，所以两者间的支柱只能采用"V"形设计。这就使得底部接头承受巨大压力，这个部位常常需要加固。

一个半翼
纽波特17不是标准的双翼机，而是半双翼机，其下翼的表面积仅为上翼的一半。这样的设计有一些结构性弱点，但却改善了能见度和爬升率。

飞行头靠
纽波特驾驶舱后侧配有"头靠"，可以为飞行员提供一定的保护。"头靠"设计款式多样，后来，皇家飞机厂享负盛名的SE5a也采用了这款配置。

纽波特17

1916年，这款法国双翼战斗机是西线战场的天空主宰

文/斯图尔特·哈达威

1916年春季，纽波特17开始服役，当时协约国的空军处于劣势。"福克灾难"已持续数月，德国人的福克单翼飞机在西线战场上保持着空中优势。纽波特17与德·哈维兰DH.2战斗机联手，终结了德国战斗机的霸主地位，在夏季的索姆河战役中战功卓著，为英法两国重新夺回了空中优势。纽波特17飞行速度高达160公里/小时（100英里/小时），机动性能极佳，即便轻装上阵，也会有出色的表现，许多王牌飞行员的传奇生涯都始于这款飞机，包括乔治·吉纳梅尔（Georges Guynemer）、查尔斯·农格塞（Charles Nungesser）和米克·曼诺克（Mick

▲ 纽波特轻盈迅速，易于操纵

▲ 加拿大王牌飞行员比利·毕晓普与皇家飞行队的纽波特17

Mannock）。即便到了1917年春，英国王牌飞行员、维多利亚十字勋章获得者阿尔伯特·鲍尔（Albert Ball）仍旧偏爱他的老款纽波特17而非尖端的SE5a，常常独自驾驶它寻找"猎物"。

纽波特17威名远扬，德国人对几架缴获的机体进行了逆向工程。他们造出了自己的纽波特17，从1917年初开始，他们将这些飞机命名为"西门子–舒克特D.I"并投入使用，但是主要用作战斗机飞行员的训练机。

武器装备

标准的法国纽波特17战斗机在驾驶舱前的整流罩装有1挺7.7毫米（0.303英寸）口径的维克斯机枪。不过，英国和意大利的飞行员则更倾向于在上翼上方安装1挺同等口径的刘易斯机枪。这样的配置会导致机枪难以瞄准（因为枪线与飞行轨迹不平行），更换弹鼓也相当困难。尽管如此，一些法国飞行员仍然青睐刘易斯机枪。纽波特17的两翼之间有金属支柱，可以安装8枚勒普里厄反气球火箭弹。

▲ 一架装备了勒普里厄反气球火箭弹的纽波特战斗机，金属板可以保护下翼免受烧灼

▲ 射击断续器在后续的机型上进行了改良，机枪也挪到了一侧

要想更换弹匣，飞行员需要将安装在上翼的刘易斯机枪向后拉

▲ 部分拆解后的纽波特 17

▲ 一架纽波特 17 复制模型，清晰地展示了其半双翼机翼的设计

结构设计

纽波特 17 主要由木制框架构成，覆上加固的织物蒙皮。机身前部呈矩形，向后逐渐过渡为梯形。尾部采用轻型金属框架进行加固，驾驶舱前方的机头部分覆有铝制蒙皮。该机型为半双翼机，也就是说下翼的表面积仅为上翼的一半。因此，只有上翼装有副翼，这也使得下翼较为脆弱，在应力作用下容易发生结构性故障。

翼间支柱外侧还可以安装 8 枚勒普里厄反气球火箭弹。

▲ 莱罗纳发动机的整流罩需要在底部开孔，用来帮助冷却发动机和通风

动力来源

纽波特17搭载了莱罗纳9J 82千瓦（110马力）旋转发动机，偶尔也会使用功率相近（更为简易但更为昂贵）的克莱尔盖特发动机。这两款发动机均采用风冷设计，安装在带有缝隙的金属整流罩内，以方便散热和排放废气。9J发动机比较可靠，世界各地的许多老款飞机或复制模型仍在使用这种发动机。后来，一些飞机装配了功率更大的莱罗纳97千瓦（130马力）旋转发动机，这种更强大的机型被称为纽波特17bis。

纽波特17是一款紧凑型飞机，因此驾驶舱相对狭窄

▲ 这架纽波特复制模型遵循英国的设计，配有规范的仪表板

▲ 纽波特17的制造总量约为3600架，有些国家一直使用至20世纪20年代

德国人对缴获的纽波特进行了改造，并将改进后的机型投入使用。

驾驶座舱

纽波特17的不同寻常之处在于它没有仪表板。仪表和飞行控制装置直接安装在驾驶舱周围的织物蒙皮上。英国人对这款飞机进行了改良，增设了仪表板，并规范排列。飞行员视野良好，因为半双翼的下翼提供了前方和下方无遮挡的视线。飞行员的眼睛位置与上翼在同一水平线上，这样的设计也提供了良好的向上视野。

▲ 意大利纽波特17中队

服役历史

1916年5月,纽波特17开始在法国服役,并于同年7月在英国服役。一上火线,这款新型战斗机就立马在西线战场取得成功,产量随之迅速增加,两国的海军航空部队也投用了这种机型。纽波特17飞行速度快,机动性高,其他协约国很快也将其纳入麾下。1917年,美国正式参与第一次世界大战,当时他们驾驶的就是纽波特17,其中重要的原因是美国飞行员早在法国拉法耶特飞行中队志愿服役时,就已经开上了纽波特17。

1917年初，更为新型的德国战斗机加入空中霸权争夺战，纽波特17开始处于下风，但仍在英国和法国作战部队效力至1917年末，同时还在世界范围内广泛服役。总共生产了约3600架纽波特17，它们或由法国制造，或由英国、俄国和意大利在授权下进行生产。日本、芬兰、荷兰、瑞士、比利时以及一些南美和东欧国家也都是纽波特17的用户，其中许多国家一直使用到20世纪20年代。

▲ 1916年秋，德国人缴获的一架纽波特17

第二次世界大战

62	喷火式SM520
74	三菱A6M 零式
82	德·哈维兰DH.98蚊式
94	梅塞施密特Bf-109G
104	北美航空P-51野马
114	霍克飓风
124	梅塞施密特Me-262

喷火式 SM520 战斗机

制造年份：	1948至1951年
机身长度：	9.58米（31英尺5英寸）
翼展长度：	11.23米（36英尺10英寸）
最大空速：	644公里/小时（400英里/小时）
续航里程：	724公里（450英里）
动力来源：	罗尔斯·罗伊斯/帕卡德"灰背隼"266
机组人员：	2人（学员和教练）
武器装备：	2挺0.303英寸（7.7毫米）口径勃朗宁机枪

▶ 这架Mk IIa P7350是唯一参与过不列颠之战的喷火式战斗机，时至今日它依旧可以翱翔天空

喷火式 SM520

这款TR9双座版本的喷火式战斗机帮助训练未来的飞行员，以应对空战中的种种危险

文/杰克·格里菲斯

▼ 喷火式战斗机的设计经久不衰,它是"二战"期间唯一一款使用至20世纪50年代的盟军战斗机,生产总量超过20000架

说起"二战"期间英国的空中战场,喷火式战斗机几乎无处不在,效力英国皇家空军期间,这款经典的拦截战斗机盛极一时,共衍生出22个不同的版本。其中之一便是基于TR9的双座版SM520战斗机,而TR9的前身则是Mk.IX喷火式战斗机。

从单座到双座的改版是在"二战"后开始的,首架SM520于1948年问世。这一项目为英国皇家空军的新手飞行员提供了飞行和射击训练,参与者包括爱尔兰空军(IAC)海火式战斗机编队和许多后来加入英联邦国家的空军部队。

单座版TR9是在西布罗姆维奇工厂制造的,于1944年11月首次交付给英国皇家空军。随着战争步入尾声,英国皇家空

随着战争步入尾声，英国皇家空军开始大规模裁军，这架飞机也未能幸免，最终以2000英镑的价格卖给了南非空军（SAAF）。

军开始大规模裁军，这架飞机也未能幸免，最终以2000英镑的价格卖给了南非空军（SAAF）。

单座版的SM520几易其主。2002年，这架飞机被改装为双座版本，更名为G-ILDA（以前任主人的孙女命名），并转交给堡特比飞行学院（the Boultbee Flight Academy）存放至今。

原本的英式涂装得以复原。现在所采用的灰绿色迷彩方案，曾用于欧洲标准日间战斗机，帮助英国在危难时刻保卫国土。

▲ 1942年，第611西兰开夏中队的喷火式战斗机从伦敦比金山机场起飞

▲ SM520驾驶舱原汁原味，就连铲形控制杆和位于侧壁的油门控制器也是如此

驾驶座舱

  这款战斗机体现了1940年夏季英国人的精神和决心，操纵起来异常简单。"灰背隼"发动机很容易启动，通常两个螺旋桨叶旋转后就能点着火，并且非常可靠，每个驾驶舱几乎完全相同而且布局紧凑。无论是过去还是现在的飞行员，都对它便捷的操控和发动机的标志性轰鸣赞不绝口。跟那个时代的许多飞机一样，喷火式战斗机在接近最高速度时会变得难以控制，不过轻便的控制杆让它比竞争对手——梅塞施密特Bf-109更具机动性。1940—1941年不列颠之战期间，与德国对手相比，喷火式战斗机通常能更快地从俯冲中拉起。由于没有动力辅助控制，这些调整完全依靠飞行员自身的肌肉力量来实现。

▲ 与梅塞施密特战斗机不同，喷火式战斗机从未采用机炮，而是依赖双重机枪

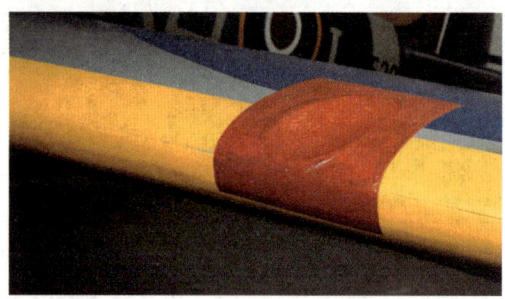

▲ 闲置不用时，机枪枪口要贴上胶带，以防止机械部件在高空冻结

勃朗宁武器装备

1940年夏，为了应对即将来袭的德国飞机，英国皇家空军制订了万无一失的计划。飓风战斗机负责追击德国的容克87和88轰炸机，而喷火式战斗机则与敌方战斗机对垒。这样的分工是为英国皇家空军的飞机量身设定的，因为喷火式战斗机的机枪位置比飓风战斗机的更紧凑，交战时，更容易瞄准梅塞施密特战斗机。

满载状态下，喷火式战斗机可装配8挺勃朗宁机枪，每挺机枪装有300发子弹。弹药数量如此之多，即使是那些准头不佳的飞行员至少也能命中一些目标。这些子弹种类多样，包括标准弹、曳光弹、燃烧弹和穿甲弹。燃烧弹的效果尤为显著，因为英国皇家空军的飞行员可以瞄准德国飞机的油箱，将梅塞施密特战斗机从天空中击落。

▲ Bf-109 在各大前线和战区都发挥了作用，是纳粹战争机器不可或缺的一部分

梅塞施密特 Bf-109

深入了解喷火式战斗机的威力和德国空军的中流砥柱

德国空军的秃鹰军团（Condor Legion）在西班牙内战中小试牛刀，准备在英吉利海峡上空再让英国人吃点苦头。战争期间，Bf-109的生产总数为33000架，是德国空军的主力机型。与喷火式战斗机不同，梅塞施密特战斗机只有2挺机枪，但每挺装有1000发子弹。

梅塞施密特战斗机还配备了2门20毫米口径机炮，对付轰炸机非常有效，但在应对高机动性的喷火式战斗机和飓风战斗机时显得力不从心。梅塞施密特战斗机主要弱点是航程短，无法在英吉利海峡造成更大的破坏。虽然德国人在不列颠之战中损失惨重，但Bf-109仍是击落盟军飞机数量最多的战斗机。梅塞施密特战斗机的使用寿命较长，这归功于其简单直接的设计。即便在战争后期，喷气式Me-262投入生产时，Bf-109仍频繁地派上用场。

徽标设计

英国皇家空军的圆形徽章源于第一次世界大战,用来帮助地面部队和激烈空战中的友军辨识英国飞机。最初提出的方案是使用联合王国国旗,但跟德意志十字勋章过于相似,因此改用了圆形徽章。

最初的喷火式战斗机被涂成棕色和深绿色,而机身下方则涂成白色,这是为了方便防空炮兵识别从而减少误伤。随着德国空军将战火蔓延至英吉利海峡,喷火式战斗机的涂装从棕色变为灰色,因为新的颜色能够与深色的海水融为一体。

从那时起,这种配色方案一直沿用至今,偶尔也有零星变化。其中包括分别用于低空和高空侦察任务的粉红色或深蓝色,以及用于中东任务的浅棕色。在日本上空执行任务时,就连圆形徽章也被拿掉了,因为这样的图案与日本零式战斗机的太阳旗标志相差无几。

▲ 不列颠之战后,喷火式战斗机承担了更多的侦察任务,甚至会偶尔涂上粉色来增强伪装效果

哈里王子乘坐堡特比飞行学院的SM520,飞过怀特岛的三针石上空

无论是过去还是现在的飞行员,都对SM520便捷的操控和发动机的标志性轰鸣赞不绝口。

▲ 在SM520上,按照现代化重新设计方案,移动了发动机部分组件的位置,为第二个驾驶舱腾出了空间

鹰日计划

1940年8月13日,也就是众所周知的"鹰日",德国飞机出现在英国肯特郡和萨塞克斯郡的上空,由此拉开了不列颠之战的序幕。英国在这场战斗中取得了辉煌胜利,喷火式战斗机也因此名声大噪。在随后数月乃至数年的时间里,英国皇家空军和德国空军为争夺制空权进行了旷日持久的较量。

到1941年,不断升级改进的梅塞施密特战斗机在性能上开始超越喷火式战斗机。不过,喷火式IX战斗机采用了更出色、速度更快的发动机,又将优势重新夺回。有了新的动力系统,喷火式战斗机和海火式战斗机在英国皇家空军和皇家海军中发挥了更广泛的作用。改进后的机型能够在德国V-1火箭击中目标前将其拦截摧毁,从而挽救了英格兰南部地区的芸芸众生和诸多城市。

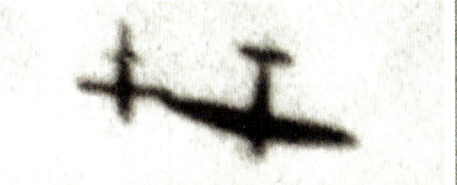
▲ 喷火式战斗机的飞行员尝试通过轻微碰撞,使德国的V-1火箭偏离飞行轨道

▲"灰背隼"发动机性能全面,还应用于兰卡斯特轰炸机、飓风战斗机及美国陆军航空队的P-51野马战斗机

"灰背隼"发动机

喷火式战斗机标志性轰鸣的源头

尽管在"二战"期间"灰背隼"发动机用于40多种飞机,但人们最常联想到的还是喷火式战斗机。"灰背隼"发动机以猛禽命名,于1935年2月首次试机升空,相

> "灰背隼"发动机性能优异,喷火式战斗机和飓风战斗机都对其进行了适配。

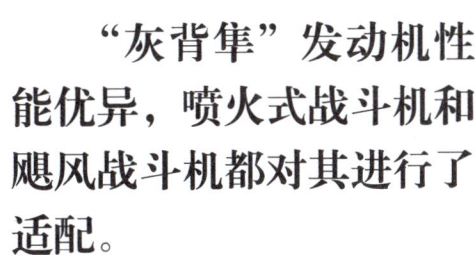

▲ 喷火式战斗机差点以"鹀鶅"为名,这个名字就没有那么让人望而生畏了

较于之前的罗尔斯·罗伊斯"红隼"(the Kestrel)发动机有了显著的改进。

"灰背隼"发动机性能优异,喷火式战斗机和飓风战斗机都对其进行了适配。尽管效率很高,但"灰背隼"发动机也不是没有缺点。与德国梅塞施密特战斗机的发动机不同,"灰背隼"发动机并非喷射供油,因此在急速俯冲时发动机有熄火的风险。

不过,这个问题在1941年基本得到了解决,主要是通过在发动机的浮阀中加装限流器。这个限流器以其设计者蒂莉·希林(Tilly Shilling)的名字命名,被亲切地称为"希林小姐的节流孔"。二战结束后,"灰背隼"发动机仍在组装生产,总共制造了15万台,是帮助英国取得战争胜利的一大功臣。1950年,"灰背隼"发动机宣布停产。

喷 火 式 战 斗 机 V

两款飞机都参与过不列颠之战,但谁更胜一筹呢?

超级马林喷火式

- ★ **最大空速**:608公里/小时(378英里/小时)
- **爬升速率**:每分钟812米(2665英尺)
- **实用升限**:10668米(35000英尺)
- ★ **武器装备**:2挺20毫米口径西斯帕诺Mk II机炮
  4挺0.303英寸(7.7毫米)口径勃朗宁机枪
  和2枚240磅炸弹
- ★ **服役时间**:1938—1948年(总计生产20351架)

S. 飓风战斗机

霍克飓风

最大空速： 547公里/小时（340英里/小时）
★ **爬升速率：** 每分钟847米（2780英尺）
★ **实用升限：** 10972米（36000英尺）
武器装备： 4挺20毫米口径西斯帕诺Mk II机炮
2枚250磅炸弹或1枚500磅炸弹
服役时间： 1937—1944年（总计生产14583架）

▲ 第二次世界大战期间，霍克飓风战斗机在所有主要战区服役

三菱 A6M 零式

日式传奇舰载战斗机，在"二战"太平洋战区脱颖而出

文/斯图尔特·哈达威

有限火力
零式战斗机结构轻巧，无法携带重型武器，虽然后期的机型在每个机翼上装配了1挺机枪。

超长航程
零式战斗机的主油箱位于发动机后方，两翼各有1个副油箱，还可以外挂副油箱，因此，与同时代其他战斗机相比，它拥有更远的航程。

三菱 A6M 于1937年开始研制，是日本海军航空队的舰载战斗机。该机于1940年开始服役，并被正式命名为海军零式战斗机，绰号为"零战"或"零式"。盟军后来在其报告系统中将其正式命名为"齐克"（Zeke），但"零式"这一名称被作战双方广泛使用。

零式战斗机投入使用后，凭借速度快

和机动性强的优势,很快就名声大噪、令人生畏。1941年末,零式战斗机的作战范围扩展至太平洋战场,在与英国和美国飞机的战斗中再次占据了上风。不过,盟军很快就摸清了零式战斗机的优缺点,并制定了应对策略。

盟军避免与零式战斗机进行近距离缠斗,转而采用快速射击的战术。格鲁曼的地狱猫、野猫和沃特的海盗式战斗机拥有坚固的机身和强大的火力,能够承受零式战斗机相对较弱的攻击,同时对它的轻型机身造成毁灭性的打击。尽管如此,零式战斗机仍然是日本海军的主力机型,直至战争结束。

> 零式战斗机投入使用后,凭借速度快和机动性强的优势,很快就名声大噪、令人生畏。

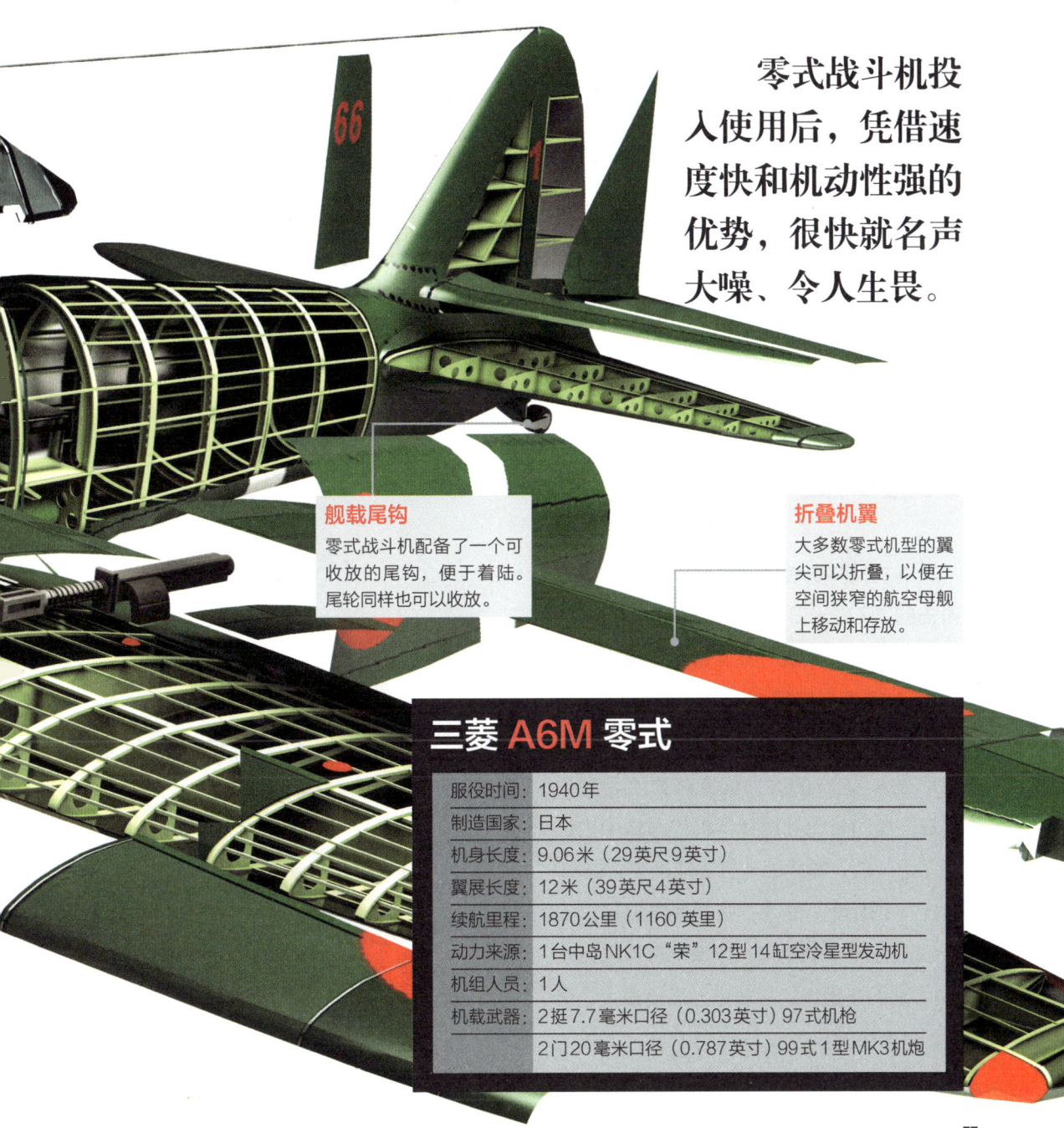

舰载尾钩
零式战斗机配备了一个可收放的尾钩,便于着陆。尾轮同样也可以收放。

折叠机翼
大多数零式机型的翼尖可以折叠,以便在空间狭窄的航空母舰上移动和存放。

三菱 A6M 零式

服役时间:	1940年
制造国家:	日本
机身长度:	9.06米(29英尺9英寸)
翼展长度:	12米(39英尺4英寸)
续航里程:	1870公里(1160英里)
动力来源:	1台中岛NK1C"荣"12型14缸空冷星型发动机
机组人员:	1人
机载武器:	2挺7.7毫米口径(0.303英寸)97式机枪
	2门20毫米口径(0.787英寸)99式1型MK3机炮

▲ 零式战斗机的火力配置在当时略显不足，到了1943年，它的武器装备已严重落后于对手

武器装备

零式战斗机装备2挺可以透过螺旋桨射击的7.7毫米口径（0.303英寸）97式机枪，每挺备弹500发，每个机翼内部装有1门20毫米口径（0.787英寸）99式1型机炮，备弹60发（自1941年起增至100发）。这样的火力配置略显不足，后来在与美国航母舰载战斗机的对抗中也证明了这一点。零式战斗机还能携带2枚60公斤（130磅）炸弹，在战争末期可以安装250公斤（550磅）炸弹用于神风特攻（日本法西斯组织的战争史上规模最大、最残酷的自杀式攻击）。

▲ 1944年末，日本人将零式战斗机用作神风特攻的飞行炸弹

动力来源

中岛飞机公司制造的"荣"(Sakae)是一款双排14缸空冷星型发动机。这种发动机被日本海军航空队作为NK1型使用,有4个型号(零式战斗机使用的是C型)应用于多种机型上。日本陆军航空队也将其用于单引擎和双引擎飞机,称为"Ha"系列。起飞时,该发动机的额定功率为700千瓦(940马力);在4200米(13800英尺)作战高度,功率可达710千瓦(950马力)。

▲ 修复中的中岛飞机公司的"荣"发动机

▲ 简洁优雅的线条和轻盈的机身，使零式战斗机成为令人畏惧的对手

结构设计

　　零式战斗机的低翼悬臂设计，专为航母作战而生。此外，飞机的翼展较短，起落架既宽大又坚固。由于轻巧的机身结构和较低的机翼载荷，零式战斗机在高速飞行以外的情况下都能保持高度机动性，并且具有非常低的失速速度。为了减轻重量，零式战斗机没有配备装甲和自封油箱，这使得它具备航程远、速度快和机动性强的特点，但也极易受到对方火力的致命打击。飞机大部分材料都是铝合金，这种铝合金是根据一种名为"超级杜拉铝"的秘密配方锻造而成的。

　　零式战斗机的所有设计都是为了减轻重量，没有装甲，也没有自封油箱，这使飞机具有航程远、速度快和机动性强的特点，但在对手的火力面前异常脆弱。

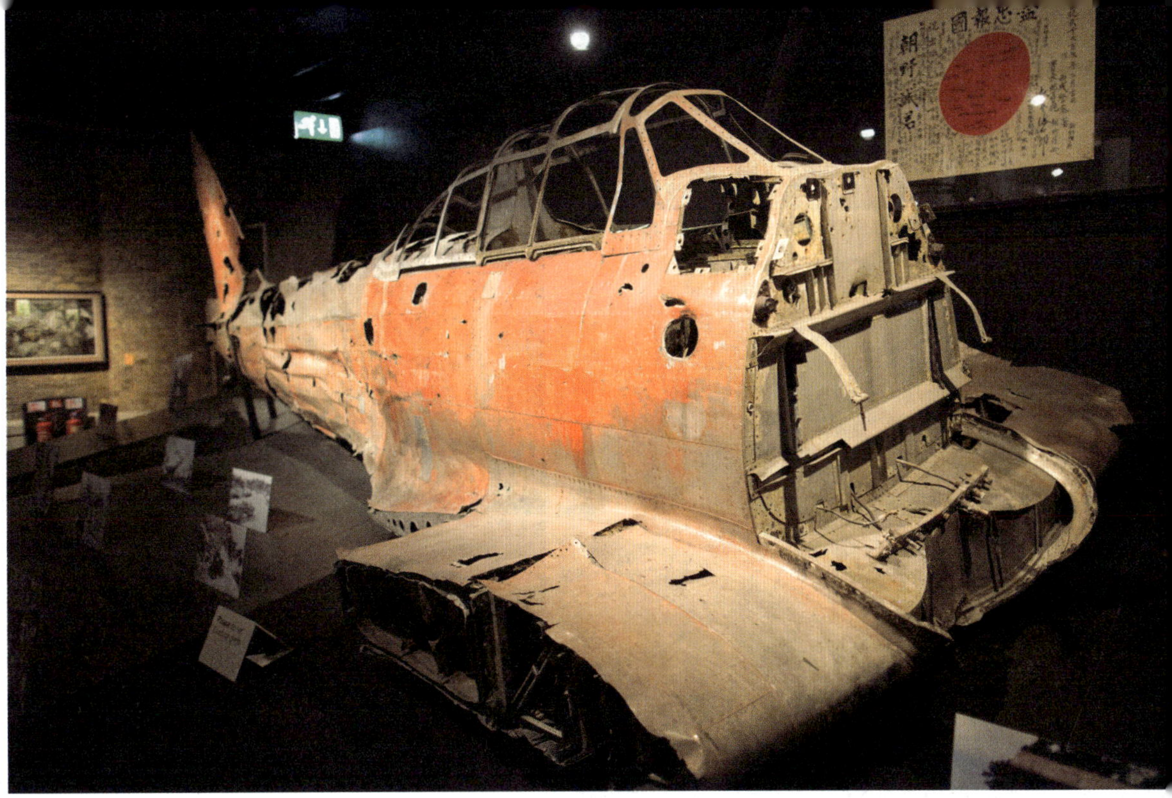

▲ 零式战斗机的轻型结构既是其最突出的优势，也是其最致命的弱点

▲ 零式战斗机宽大坚固的起落架非常适合在航空母舰上起降。此处展示的是一架从赤城号航空母舰上起飞的零式战斗机，摄于1941年12月7日

驾驶座舱

▲ 机头火炮的枪托是驾驶舱的主要特点之一

三菱A6M零式采用了当时大多数战斗机的通用模式，配备了全封闭驾驶座舱。飞行员前面的主仪表板上安装了必需的飞行指示器，上方是瞄准器，两侧是机枪的枪托。驾驶舱左侧面板设有油门和油箱选择器，右侧是无线电及控制装置，包括用于海上导航的测向设备，以及起落架和尾钩开关。

▲ 飞行中的三菱零式战斗机

三菱零式战斗机的驾驶舱

服役历史

1940年7月,零式战斗机开始服役,9月首次在中国上空作战。零式战斗机的速度快,机动性强,也非常适合航母作战。1941年底,它成为日本在太平洋扩张的先锋,在初期战斗中轻易超越所有对手。不过到了1943年,盟军更新了机型,改变了战术,利用了零式战斗机的弱点,尤其是其轻型结构和无法承受重大打击的缺陷,形势开始逆转。

到1944年,零式战斗机虽经历了数次升级和小规模改进,但实际上已经过时。然而,由于没有合适的替代品,零式战斗机仍在服役并继续生产。在制造的11000架飞机中,大约有4000架产自1944年,而1945年则生产了接近1800架。飞行员的素质也受到严重影响,到1944年10月,零式战斗机已用于自杀式袭击任务。

▲ 日本空袭珍珠港期间,三菱A6M2零式战斗机在赤城号航母上

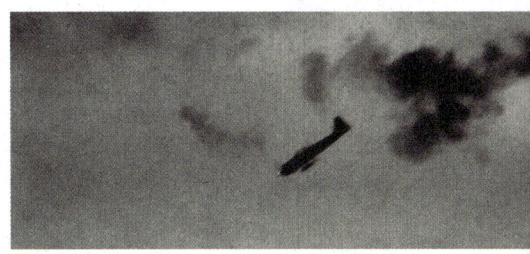

▲ 一架日本三菱A6M零式战斗机,在神风特攻中在菲律宾附近攻击美国海军舰艇

▼ 在沃特海盗式战斗机和其他更为现代的美国战斗机面前,零式战斗机显得不堪一击

德·哈维兰 DH.98 蚊式

深入了解绰号为"木头奇迹"的英国小型夜间轰炸机

图文 / 尼尔·沃森

蚊式最初设计为一款无武装轰炸机，但其生产几乎没有实现，因此生产战斗机版本显得更有吸引力

德·哈维兰 DH.98 蚊式

机组人员：	2人
机身长度：	44英尺6英寸（13.56米）
翼展长度：	54英尺2英寸（16.51米）
载荷重量：	18100磅（8210公斤）
动力来源：	2台罗尔斯·罗伊斯"灰背隼"76/77型12缸液冷发动机，1710马力（1280千瓦）
最大空速：	在28000英尺（8500米）的高度，时速可达361节（415英里/668公里）
最远航程：	在满载武器装备的情况下，可以飞行1300海里（1500英里/2400公里）
武器装备（战斗机型）：	4门20毫米口径西斯帕诺机炮，4挺勃朗宁机枪
武器装备（轰炸机型）：	4000磅炸弹（1800公斤）
爬升速率：	2850英尺/分钟（14.5米/秒）
实用升限：	37000英尺（11000米）

这一设计要求飞机速度要快，能以每小时250英里（400公里）以上的速度，负载4000磅（1800公斤）的炸弹飞行3000英里（4828公里）。

▲ 高空速和高机动是蚊式的主要防御手段

德·哈维兰蚊式的制造缘起可以追溯到1936年。战争一触即发，英国空军部颁布了一项设计需求，希望能制造出一种快速高空轰炸机，能够以最快速度飞越敌方上空。具体来说，飞机要能以每小时250英里以上的速度，负载4000磅的炸弹飞行3000英里。

德·哈维兰公司在受邀投标的行列，但是当时并不情愿，因为它设计的民用飞机非常畅销。1938年，战争迫在眉睫，德·哈维兰公司重新审视了空军部的设计需求。这一需求规定飞机要采用全铝结构，搭载双引擎或四引擎，配备前后防御武器和高巡航速度。

▼ 直到1941年才开始全面生产蚊式战斗轰炸机

结构设计

20世纪30年代，德·哈维兰公司的信天翁民用客机是一款公认的快速高效的飞机。这是一种全木结构的复合单翼飞机，配备4台引擎，流线型设计和轻盈的机身赋予了它极快的巡航速度。

德·哈维兰公司的提议名为DH.98，计划牺牲所有武器装备，专注于制造最平滑、最符合空气动力学的飞机，从而轻松规避敌方的防御炮火。20世纪20年代，"彗星"式竞赛飞机取得成功，在此基础上，德·哈维兰公司提出了DH.98蚊式的双发动机设计。当时的首选是全新的罗尔斯·罗伊斯"灰背隼"发动机，但赫拉克勒斯星型发动机和H型军刀发动机也在考虑范围内。

不出所料，没有任何防御武器的设计并不受英国皇家空军待见，最初的设计方案立马遭到拒绝。1938年7月，杰弗

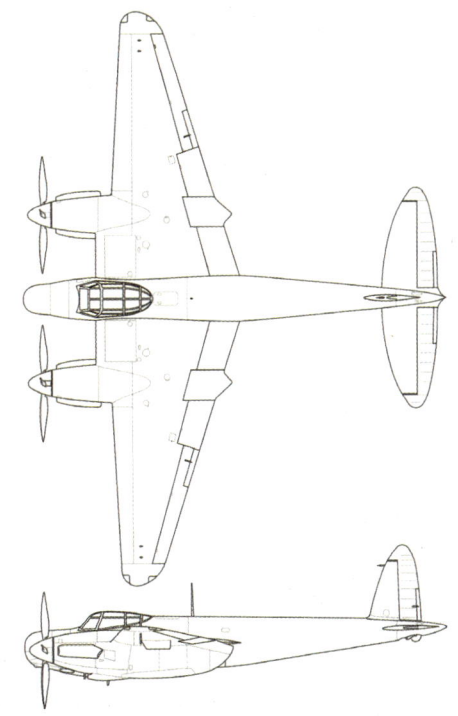

▲ 全木制的层压结构将机身重量降至最低

里·德·哈维兰（Geoffrey De Havilland）给空军部的联系人写了一封信，提出了全木结构和轻质机身的设计理念。杰弗里认为，除了抗扭转性能外，木材在强度和重量上都与铝材和钢材相当。如果战争突然爆发，金属会变得稀缺，而木材供应充足。此外，如有需要，英国工人现有的木工技能可以临时用于军事生产，无需专业的金属加工技能。

德·哈维兰还声称需要改变规格，牺牲有效载荷或航程。他建议把航程缩短到1500英里，并提议设计一款更小、更轻的双引擎飞机，机上只有飞行员和导航员2名机组人员。

整个1941年的试验飞行证明，这款飞机远远超出了最初的设计要求。

▲ 驾驶舱非常狭窄，只能坐下2名机组人员，一人坐姿稍稍靠后，以便腾出空间

▲ 这种高性能飞机的结构非常独特

这种设计与当时的传统理念背道而驰，那时候的轰炸机流行配备重型武器，还要有多位机组人员操纵火炮，在飞往目标的途中一路拼杀。皇家空军对无武装轰炸机相当抵制，尽管委托制造了一架原型机，但并没有进行大规模生产。空军部需要一种快速双引擎战斗机，而蚊式战斗机可以满足这一需求，因此该项目得以推进。军方认定DH.98为侦察轰炸机，这样一来，是否需要配备武器的问题也就暂时搁置了。

DH.98的战斗机版本让该项目得以为继。到了1940年，该机型仍未得到全面批准，但杰弗里·德·哈维兰大胆承诺，在短时间内交付50架飞机，并打赌说一旦飞机的能力得到证明，更多的订单就会随之而来。

整个1941年的试验飞行证明，这款飞机远远超出了最初的设计要求。测试伊始，原型机在6000英尺（1830米）高度的速度便超过了喷火式战斗机。在30000英尺（9144米）以上的高空，最大空速达到每小时388英里（624公里），经过计算的实用升限为33900英尺（10332米）。有了升级版"灰背隼"发动机加身，蚊式的最大空速达到了每小时439英里（706公里）以上，一跃成为当时速度最快的作战飞机。

这款飞机在盟军所有空军将领面前展示了性能和机动性，仅靠一台发动机就完成了爬升翻滚动作。德·哈维兰公司获得了订单，并于1941年开始生产。

动力来源

最终敲定的发动机正是德·哈维兰当初选中的罗尔斯·罗伊斯"灰背隼"发动机。飞机的三叶恒速螺旋桨由2台27升12缸增压发动机驱动。在生产过程中,蚊式安装了不同版本的"灰背隼"发动机。随着更新、更强大的发动机相继问世,蚊式的性能优势得以保持。

▲ 尽管蚊式体型较大,但是它搭载了2台"灰背隼"增压发动机,速度超过喷火式战斗机

武器装备

虽然蚊式最初的战略使命是无武装轰炸机,但实战证明衍生而来的远程战斗机型非常好用。

机头部分装有4挺勃朗宁机枪,机腹另有4门西斯帕诺20毫米口径机炮。作为一款夜间战斗机,蚊式配备了早期的机载雷达。如此一来,蚊式就拥有了雷达、武器、速度和航程上的组合优势,既能奔袭远方的德国机场,又能在夜间捍卫本土领空。

蚊式轰炸机和蚊式摄影侦察机没有配备武装。机组人员逐渐爱上了蚊式的高空表现和机动性能,因为他们对轻松超越并巧妙躲避敌机越来越有信心。

全封闭弹舱载荷为4000磅(1800公斤),可以装载一连串小型炸弹,也可以装载单个重达4000磅的"饼干"炸弹。执行摄影侦查任务的机型可以携带多种摄像设备,通常在欧洲的昼夜轰炸任务前出动,用于检查天气状况。

▲ 蚊式的弹舱可以装载各种炸弹

这台蚊式配备了1门机炮、1台机载雷达和多挺机枪

▲ 双人机组在狭小的驾驶舱内几乎没有多少活动空间

驾驶座舱

  机组人员的乘坐空间相当狭窄，飞行员坐在左侧，第二名机组成员坐在右侧稍稍靠后的位置，这样可以为肩部和肘部提供更多的活动空间。第二名成员身兼多职，负责领航、瞄准投弹和操作夜间战斗机雷达。蚊式的战斗机型配备实心机头，而轰炸机型则是玻璃机头，方便机组人员使用诺顿瞄准器，确保投弹准确无误。

▲ 飞行员座椅配有装甲头枕

蚊式战斗机配有实心机头，而轰炸机型则是玻璃机头，方便机组人员使用诺顿瞄准器。

▲ 不同机型配有不同的操纵杆或战斗机控制杆

▲ 蚊式的实心机头装有雷达和武器

服役情况

在敌方空域执行了多次大胆又高调的突袭行动后,蚊式名声大噪。其中,在一次针对盖世太保总部(位于挪威奥斯陆)的行动中,蚊式以低于100英尺(30米)的高度飞越了北海。战后,这次行动被改编成电影《633中队》。

1944年,蚊式参与了杰里科行动(Operation Jericho)。这是一场超低空突袭,目标是突破亚眠监狱的围墙,解救即将被处决的法国抵抗组织成员和其他被德军俘虏的囚犯。这次突袭在战后饱受争议,但作为低空精确轰炸的示范,在当时是一场宣传上的重大胜利。

蚊式最为著名的角色是"探路者",飞在主力轰炸机队伍之前,用照明弹和燃烧弹标记目标。通常情况下,机组人员必须在目标上空停留，监视轰炸行动的攻击效果。有些情况下，蚊式需要冒着敌方火力多次标记目标，以确保轰炸行动准确无误。

作为一款夜间战斗机，蚊式配备了早期的机载雷达，用以拦截德军轰炸机。第二次世界大战期间，雷达技术首次得到应用。后来，更加易于携带的雷达设备可以安装在蚊式这样的飞机上。战争期间，有几名英国飞行员成为夜间战斗的王牌，其中就包括约翰·坎宁安上校（Group Captain John Cunningham），英国媒体将他称为"猫眼坎宁安"。随着战争推进，蚊式飞机在德国上空执行夜间战斗任务，积极搜寻黑暗中的德军战斗机。

战争期间，蚊式还承担了运输任务，负责从中立国瑞典运载滚珠轴承。这些蚊式飞机具有民用登记标识，表面上由英国海外航空公司（British Overseas Airways Corporation）运营，飞行员也穿着平民服装。滚珠轴承对战争至关重要，蚊式飞机先在斯德哥尔摩装满弹仓，然后再飞往苏格兰，因此英国海外航空公司被戏称为"滚珠轴承航空公司"。此外，蚊式还定期将英国的报纸和杂志运送出境，然后将那些越境逃到瑞典的间谍专家或逃亡飞行员运回英国。

在整个服役生涯内，蚊式都具有性能上的优势。二战后的数年时间里，喷气式飞机出现，蚊式才被取而代之。如今，只剩下少数几架蚊式飞机，其中有两架仍然适航。

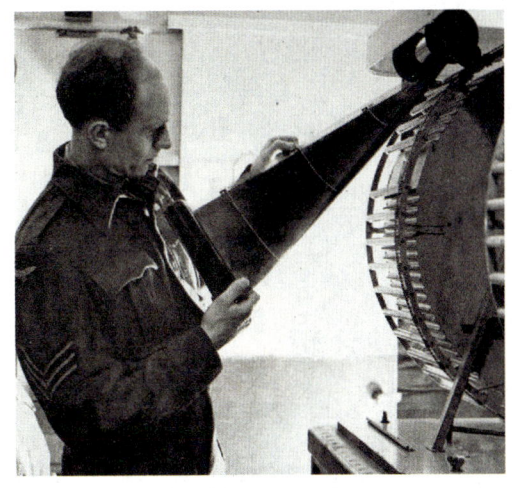
▲ 在摄影侦察任务中，蚊式对于获取情报至关重要

▲ 1944年杰里科行动期间，早期的枪式摄像机记录了蚊式的身影

▲ 在高空，当时没有任何飞机能够追上流线型的蚊式飞机

梅塞施密特 Bf-109G

纳粹德国空军的中坚力量，"二战"最具标志性的飞机之一

文/尼尔·沃森

此处展示的是一架1943年版Bf-109G-6的精确复制模型，采用了德国空军第52战斗机联队的赫尔曼·格拉夫（Hermann Graf）使用过的独特涂装——他共有212次空战胜利记录在案

梅塞施密特 Bf-109G

机组人员：	1名
机身长度：	8.95米（29英尺5英寸）
翼展长度：	9.925米（32英尺6英寸）
机身高度：	2.5米（8英尺2英寸）
机翼面积：	16.05平方米（172.76平方英尺）
空载重量：	2673公斤（5893磅）
动力来源：	1台戴姆勒-奔驰DB 605A-1型液冷倒置12缸发动机，1455马力（1085千瓦）
螺旋桨：	VDM 9-12087型三叶轻合金螺旋桨
螺旋桨直径：	3米（9英尺10英寸）

在1945年之前，梅塞施密特算不上是最优秀的战斗平台，但其生产数量巨大，从1937年到1945年共制造了33000多架。

▲ 虽然Bf-109最初的战略定位是短程截击机，但它的衍生机型在各条战线发挥了不同的作用

梅塞施密特Bf-109算是"二战"中最著名的轴心国战斗机，能够跟其宿敌超级马林喷火式战斗机分庭抗礼。战争初期，梅塞施密特Bf-109是德国空军主要的单引擎战斗拦截机型。尽管在不列颠之战后，Bf-109E被喷火Mk.IX超越，最终由福克·沃尔夫190取代；不过，Bf-109一直在德国的各条战线上服役，直到战争结束。1945年之前，梅塞施密特算不上是最优秀的战斗平台，但其生产数量巨大，从1937年到1945年共制造了33000多架，其中数量最多的是Bf-109G，占同系列所有机型的三分之一以上。

为了响应航空部在1933年发布的招标需求，Bf-109最初的设计定位是短航程、高空速、极灵活的截击机。当时，纳粹德国出于备战目的制定了多项规范要求，奠定了德国空军在"二战"期间的战斗基础。亨克尔公司、阿拉多公司、巴伐利亚飞机公司和福克·沃尔夫公司都参与了合同竞标。根据航空部的设计规范，战斗机在20000英尺（6096米）高空的最大空速要超过400公里/小时，但续航时长仅为90分钟。结合德国闪电战的战术预期来看，Bf-109的主要作战任务是为推进前线的作战部队提供近距离空中支援。

Bf-109于1935年首次亮相，在西班牙内战中表现出色，为德军飞行员在"二战"初期积累了关键的作战经验。

威利·梅塞施密特的设计采用了当时最先进的技术,创造性地提出了极轻的单翼结构。

▲ 与众不同的起落架布局使得梅塞施密特在地面上难以驾驭

结构设计

起初,Bf-109计划搭载700匹马力的朱莫12缸发动机,但是在原型机准备就绪时,发动机的开发进度却落后了。因此,Bf-109首飞搭载的是1台罗尔斯·罗伊斯"红隼"发动机,这台发动机是通过与罗尔斯·罗伊斯公司交换1架亨克尔飞机得来的,他们需要用这架飞机作为发动机试验平台。

Bf-109的另外一个先进之处在于可以自动展开的前缘缝翼,能够提高飞机在战斗时的机动性。早期的试飞员对这种设计的态度较为保守,因为飞机在急转弯这样的极限场景下会变得难以驾驭。不过,一旦掌握了驾驶的诀窍,Bf-109的灵活性就能在空战中发挥优势。此外,飞行员还对起落架的布局以及侧开的座舱盖表示不满——不能向后滑动的座舱盖意味着在飞行中无法打开。

毫无疑问,梅塞施密特的设计初衷是要在战斗中生存。倒置的发动机让飞机不易受到地面火力的杀伤,同时还赋予了飞机进行负G机动(压杆)的能力,这是配备

"灰背隼"发动机的机型无法企及的。飞机还配备了两个可以独立工作的散热系统,能够单独关闭受损的散热器,让飞行任务得以继续。即便没有散热器,飞机也能继续飞行5分钟。倘若飞机在空战中受损,飞行员也有逃脱的机会。

另外,机身油箱位于飞行员后方且有装甲保护,这样的设计减少了油箱被炮火击穿的可能,也降低了飞行员被烧伤的风险。

由于最初的朱莫发动机动力不足,Bf-109E在设计上进行了改进,换上了戴姆勒-奔驰发动机。为了适配这台1100匹马力的发动机,Bf-109E"埃米尔"(Emil)战斗机进行了重大的结构调整。从1942年开始,以"埃米尔"为基础开发制造了Bf-109G"古斯塔夫"(Gustav)战斗机。

威利·梅塞施密特(Willy Messerschmitt)的设计采用了当时最先进的技术,创造性地提出了极轻的单翼结构。为了尽可能减少飞机组件数量,威利对发动机和机翼支架等承重结构进行了一体化设计,与众不同的起落架也安装在同一结构上,这让飞机在地面时的姿态看起来相当奇怪。虽然这样的结构使得飞机在起降时难以操控,但它允许机翼在起落架固定的情况下快速拆卸,便于快速修理战斗损伤。液冷的12缸发动机倒置安装,排气管位于整流罩底部。

▲ 在战场上可以临时加装额外的机炮来提升火力

▲ 这架100%还原Bf-109G的复制模型在约克郡航空博物馆展出

动力来源

Bf-109G搭载了戴姆勒-奔驰DB605型液冷12缸发动机，制动马力达到了1475匹，是战争期间梅塞施密特系列机型的核心动力来源。DB605型发动机是在早期DB601型基础上开发而来的高性能版本。为了赶上罗尔斯·罗伊斯"灰背隼"发动机，DB-605型的设计转速更高，增压器增压更强，同时既稳定可靠，又不会产生过热问题。增压器离合器是自动的，螺旋桨的螺距也能自动调节，这让飞行员在战斗状态下可以放手一搏，无须考虑其他因素。

航空燃料通常是100辛烷值，但戴姆勒-奔驰设计的发动机可以使用较低辛烷值的燃料（低至87辛烷值）以较低功率运行。这意味着在前线作战时，即使航空燃料短缺，飞机也能使用任何可找到的燃料继续战斗。

▲ 戴姆勒-奔驰的12缸液冷倒置发动机坚固耐用，即使受损也能继续运转

角色多样

尽管设计初衷是用作短程高性能截击机，但Bf-109G还是涉足了其他领域。在非洲和苏联战场，Bf-109G经常执行对地攻击任务，除了机身安装的机炮和机枪外，还能够挂载一枚炸弹。与盟军的超级马林喷火式战斗机一样，Bf-109经过改装也可以发挥不同的作用。

▲ Bf-109一直服役至战争结束

在非洲和苏联战场，Bf-109G经常执行对地攻击任务。

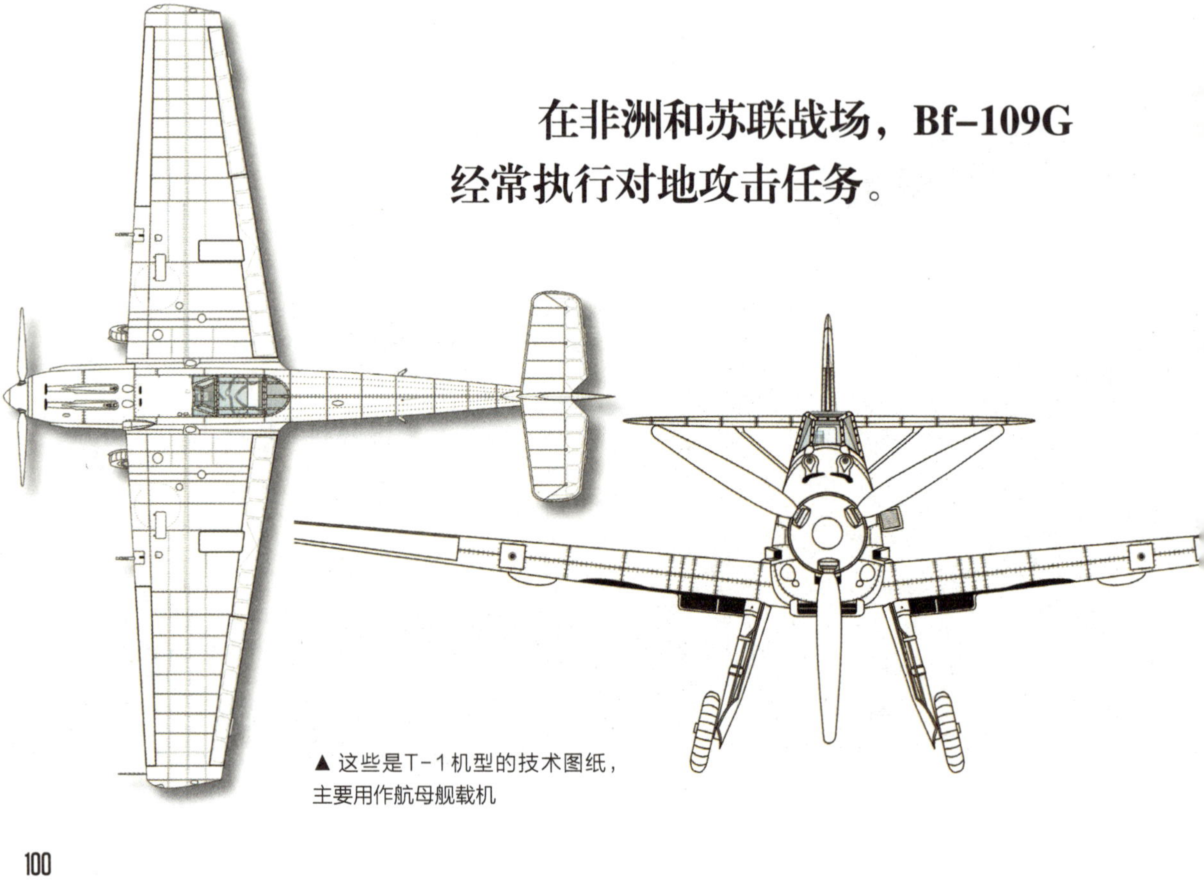

▲ 这些是T-1机型的技术图纸，主要用作航母舰载机

▲ Bf-109G的中段安装了1门机炮,可以透过螺旋桨射击

驾驶座舱

飞行员的座椅可以和降落伞配套使用。座椅前方是防弹的挡风玻璃,后方有装甲,这块装甲还给燃料箱提供了额外的防护。中段的机炮在驾驶舱内清晰可见,想必射击时一定震耳欲聋。驾驶舱盖饱受批评,因为飞行员认为舱盖的框架遮挡了视线,而且侧开式的设计意味着在飞行中无法打开。为了迎合威利·梅塞施密特的紧凑型设计理念,驾驶舱空间非常狭小。

▲ 侧开式的座舱令飞行中跳伞变得极其困难,这种设计不受飞行员待见

武器装备

梅塞施密特Bf-109G具有薄薄的高性能机翼，这意味着大部分武器装备都位于机身中段位置。机身安装了2挺机枪，12缸发动机的中央装有1门20毫米口径机炮，可以透过螺旋桨射击。

随着战争不断推进，这种火力配置越来越力不从心，因此德国空军投用了战场改装套件（Rüstsätze）。这通常是一套可以由地勤人员在战场进行改装的部件，安装在机翼下，包括用于对地攻击的额外机炮、机枪弹舱或增加有限航程的副油箱。这让飞机能够发挥更多作用，特别是在苏联和非洲战场。

武器装备

枪械：	2挺13毫米口径（0.51英寸）MG131同步机枪，每挺备弹300发；1门20毫米口径（0.78英寸）MG151/20机炮，备弹200发；或1门30毫米口径（1.18英寸）MK-108机炮，备弹65发（Bf-109G6型或U4型搭载），2门20毫米口径MG151/20机炮挂载于机翼下，每门备弹135发
火箭弹：	2发21厘米（8英寸）WFR GR 21火箭弹（Bf-109G-6挂载BR 21火箭弹）
炸弹：	1枚250公斤（551磅）炸弹或4枚50公斤（110磅）炸弹或1个300升副油箱

▲ 德国顶级的王牌飞行员累计取得上百次击杀记录，有时他们的飞机会涂上自己专属的颜色

▲ 不列颠之战期间，英国士兵在一架被击落的Bf 109E战斗机上摆拍

战后时期

  从1935年到1945年，梅塞施密特Bf-109的制造总数接近34000架。时至今日，世上仅存100架左右，大多数用于静态展示，不过有些仍然可以飞行。这些幸存的飞机大多数是战争结束时盟军缴获的，或者是从苏联和东欧战场找回的，战争结束时这些地区有大量梅塞施密特战斗机遭到遗弃。

北美航空 P-51 野马

尽管开局不利,但野马还是成了世界一流战斗机,并且摧毁了德国空军

文/斯图尔特·哈达威

▶ 北美P-51D是野马系列战斗机中公认的经典之作

P-51野马战斗机是历史上最出色的战斗机之一。第二次世界大战期间,欧洲战区的空战胜利离不开它的决定性作用。

起初,装配艾利森发动机的机型在高空表现欠佳,但在低空表现出色。1942年1月,野马战斗机首次在

P-51击毁的德国飞机数量比其他任何盟军战斗机都要多。

北美 P-51D 野马

服役时间：	1941年
制造国家：	美国/英国
机身长度：	9.83米（32英尺3英寸）
最大航程：	只用内置油箱的情况下可以飞行1530公里（950英里）
动力来源：	美国帕卡德公司生产的1490匹马力12缸液冷"灰背隼"发动机
机组人员：	1人
主要武器：	6挺勃朗宁0.50英寸（12.7毫米）口径机枪
辅助武器：	2枚454公斤（1000磅）炸弹或10发127毫米口径（5英寸）火箭弹

英国皇家空军服役，主要执行空中侦察任务，很快也开始执行对地攻击任务。

与此同时，美国陆军航空队对P-51产生了兴趣。由于轰炸机自我防卫的设计理念不切实际，美国陆军航空队开始寻求一种远程护航战斗机。装配艾利森发动机的P-51A不符合要求，而新装配"灰背隼"发动机和副油箱的P-51B完美契合，随即迎来大量订单。1943年12月，这些飞机交付给驻英国的第八航空队。1944年1月，野马战斗机首次飞越德国，同年3月首次在柏林上空执行任务。1944年，改进后的P-51D成为第八航空队的主力机型。

起初，这些飞机主要为轰炸机提供近距离护航，后来也执行"清扫"德国和欧洲敌占区的任务，系统地摧毁了德国空军的空中和地面力量。P-51摧毁的德国飞机比其他任何盟军战斗机都要多，有超过250名美国陆军航空队的飞行员驾驶着野马战斗机，分别击落了5架或更多数量的敌机。

1945年，美国陆军航空队出动B-29超级堡垒轰炸机（B-29 Superfortress）对日本开展军事行动，P-51在其中担任了护航的角色。但P-51在远东地区的作用仍有限。

武器装备

早期服役于英国皇家空军时，野马的机翼装有4挺勃朗宁M1919型0.30英寸（7.62毫米）口径机枪和2挺勃朗宁M2型0.50英寸（12.7毫米）口径机枪，机头部位还另外装有2挺0.50英寸口径机枪。美国陆军航空队使用这款飞机时，取消了机头部位的机枪（与英国皇家空军的做法一致），机翼的武器也调整为4门20毫米口径的西斯帕诺机炮。新机型还进行了其他改动，但P-51D/野马IV飞机装有6挺勃朗宁M2型0.50英寸（12.7毫米）口径机枪，每个机翼下还配备了炸弹架，可以携带1000磅的炸弹。此外，还可以携带多达10发5英寸（127毫米）火箭弹。

▲ 野马战斗机的机翼下不仅挂载了炸弹，还有至关重要的副油箱，这让野马在德国上空作战时拥有了续航能力

▲ 军械员列队装填野马战斗机的6挺0.50英寸口径机枪，这些机枪需要36条弹带

▲ 第332战斗机大队的军械员又叫"塔斯基吉飞行员"，该大队的空勤和地勤人员均为非洲裔美国人，他们不得不与根深蒂固的制度性种族主义作斗争

第375战斗机中队的三架P-51D和一架P-51B战斗机,隶属于第361战斗机大队,1944年7月摄于法国上空

野马战斗机引入了经典的水滴形座舱盖设计(灵感来自霍克飓风战斗机),这不仅提供了出色的全方位视野,还改善了空气动力学表现。

结构设计

P-51是根据英国皇家空军的规范设计的。1940年5月29日,飞机的概念设计获得通过,并得到了订单,原型机于100多天后亮相(尽管发动机又额外花了一个月的时间)。野马战斗机采用轻型的铝制结构,配备了流线型的机腹散热器和高效的层流翼。早期版本有方块状的三面铰接座舱,后来英国皇家空军(还有一些美国陆军航空队的飞机)将其更换为喷火式战斗机那样隆起的"马尔科姆罩"(Malcolm Hoods)。在设计P-51D/野马IV时,引入了经典的水滴形座舱盖(灵感来自霍克飓风战斗机),这不仅提供了出色的全方位视野,还改善了空气动力学表现。

▲ 机场堆放的火箭弹,随时待命

▲ 目前,世界各地仍有许多P-51飞行的身影

▲ 光滑的铝质蒙皮让野马战斗机的时速增加了几公里，而机头顶部则进行了涂黑设计，用来防止反射光线晃花飞行员的双眼

▲ 经授权在美国生产的帕卡德"灰背隼"发动机是野马战斗机成功的核心所在

动力来源

发动机是野马战斗机成功的关键。起初，飞机搭载的是1150匹马力的艾利森V-1710-39型12缸液冷发动机，在低空表现出色，但在15000英尺（4572米）以上的高空表现欠佳。1942年中期，罗尔斯·罗伊斯公司的试飞员罗纳德·哈克（Ronald Harker）建议将"灰背隼"发动机安装在野马战斗机上。经过不懈努力，罗纳德的建议得到采纳，一款真正优秀的战斗机由此诞生：配备了美国帕卡德公司制造的1300匹马力"灰背隼"V-1650-3型12缸液冷发动机，带有两级增压器。这样的配置让野马战斗机在各作战高度都有出色的性能，能够护送重型轰炸机突袭，还能与德国空军正面抗衡。

▲ 野马战斗机高高的机头影响了飞行员的地面视野，他们得左右摇摆才能看清前下方

驾驶座舱

跟所有战斗机一样，野马战斗机的座舱也很小，飞行员前方是标准的飞行仪表。座舱左侧有油门、螺旋桨和燃油混合比控制装置、副油箱开关、配平控制装置及起落架杆，右侧是电子设备开关和仪表盘，位于甚高频无线电和敌我识别控制装置下方。飞行员座椅前的右侧角落有热风口（顺时针旋转以增加热量），这对于欧洲战区的高空作战至关重要；左侧角落有除霜装置，用于清除风挡上的霜。

> 飞行员座椅前的右侧角落有热风口，这对于欧洲战区的高空作战至关重要。

▲ 野马战斗机的座舱：空间紧凑，功能齐全，但长时间的护航任务令人不适

服役历史

据传德国空军总司令赫尔曼·戈林（Hermann Göring）曾说过："那天柏林上空出现野马战斗机时，我就知道我们完了。"

1942年1月，P-51A（美军编号）/野马I（英国皇家空军编号）开始在英国皇家空军服役，其出色的低空性能非常适合在欧洲敌占区执行空中侦察和对地攻击任务。不过，英国皇家空军偶尔也将其用作战斗机。

P-51B/野马III是真正的战斗机版本，当时用"灰背隼"发动机取代了艾利森发动机，还做了其他改进。1943年12月，该机型随着美国第八航空队在英国前线服役。几个月后，带有经典的水滴形座舱盖、进一步改进了的P-51D/野马IV问世，迅速成为第八航空队的主力机型。它的航程和性能足以护送美国轰炸机深入德国腹地，并抗击德国空军战斗机。

虽然后来开发了许多更为强大的机型，

▲ 1945年，硫黄岛上的一架野马战斗机在钢板跑道上滑行，地勤人员提供引导

▲ 野马战斗机编队飞越意大利拉米特利空军基地，摄于1945年3月

比如P-51H，但P-51D仍然是经典版本，也是美国空军在朝鲜战争期间使用的机型，直到1953年才退出前线。世界上近30个国家的空军部队使用过P-51的20多个衍生机型。1984年，多米尼加空军成为最后一个让野马战斗机退役的部队。现如今，许多私人所有的野马模型机仍在世界各地翱翔。

出色的低空性能非常适合在欧洲敌占区执行空中侦察和对地攻击任务。

▲ 美国陆军航空队的F-6A（P-51的侦察机版本）在诺曼底登陆前拍摄海滩照片

霍克飓风

第二次世界大战初期，面对德国空军的猛烈攻击，霍克飓风战斗机首当其冲

文/斯图尔特·哈达威

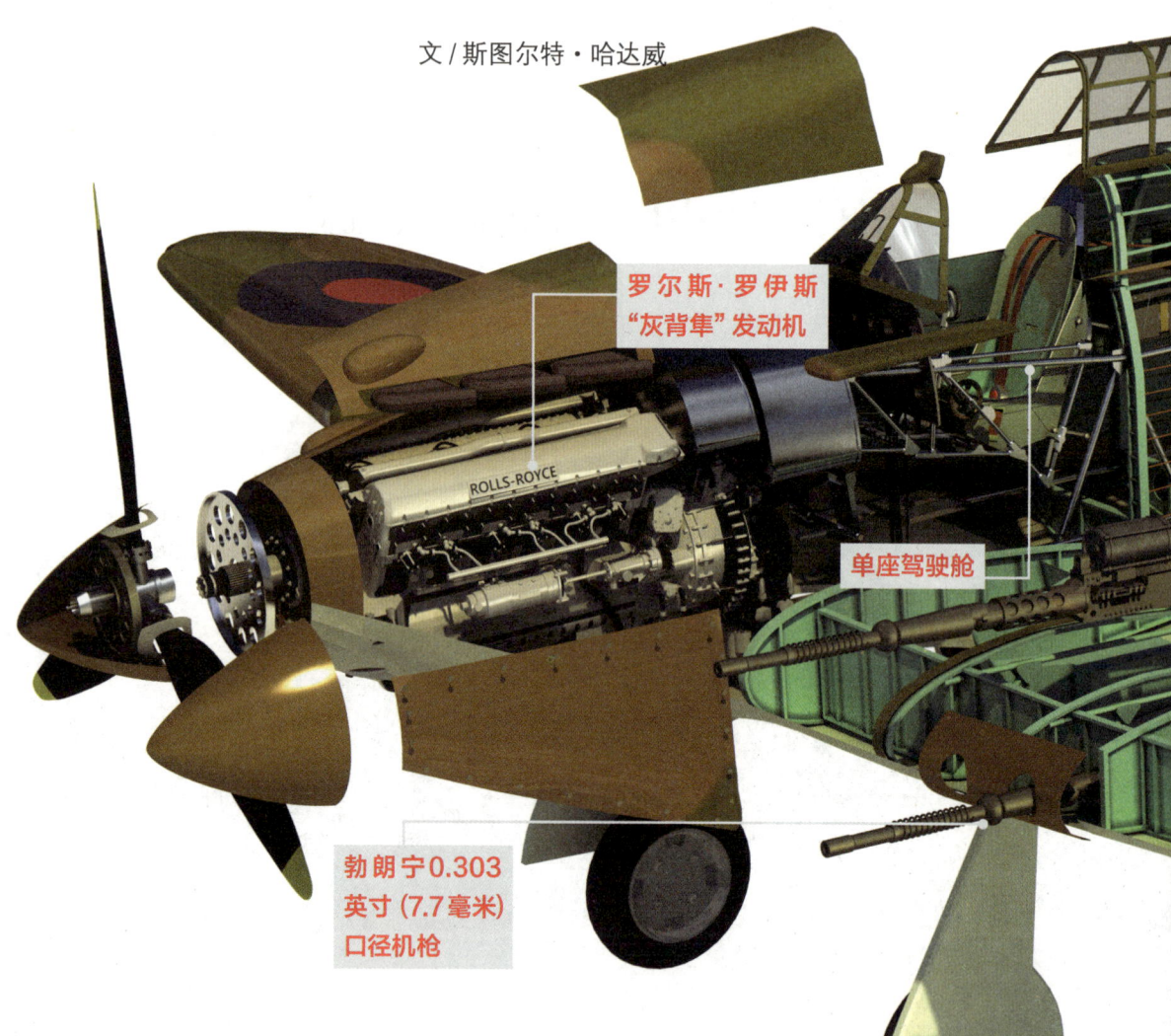

罗尔斯·罗伊斯"灰背隼"发动机

单座驾驶舱

勃朗宁0.303英寸（7.7毫米）口径机枪

虽然同样服役于英国皇家空军，但是霍克飓风战斗机的名气却不如超级马林喷火式战斗机来得响亮。不过，在第二次世界大战初期，霍克飓风战斗机是英国战斗机司令部（Fighter Command）的主力机型。1940年夏末，不列颠之战打响，战斗机司令部有一半的中队装备了飓风战斗机，而只有20个中队装备了喷火式战斗

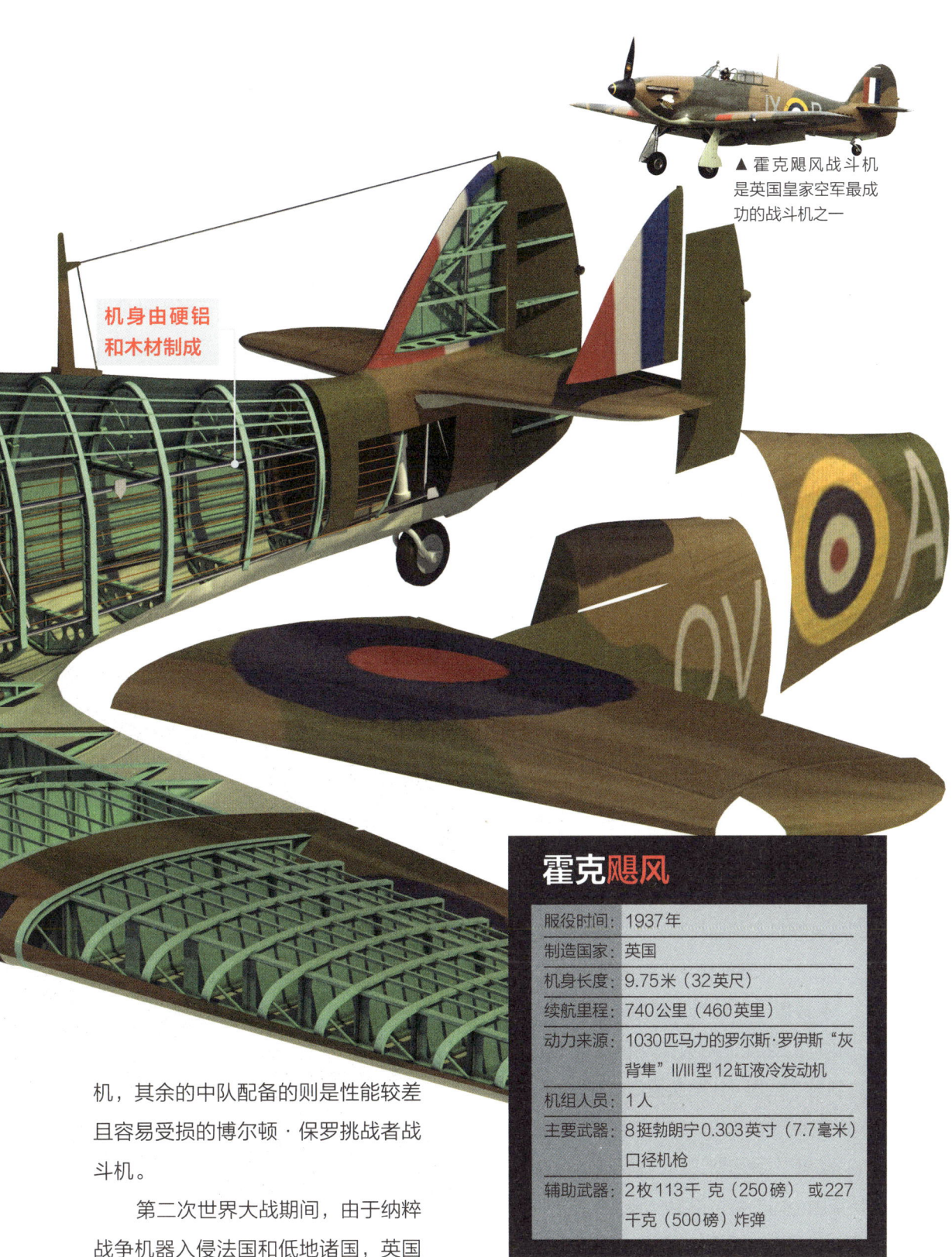

▲ 霍克飓风战斗机是英国皇家空军最成功的战斗机之一

机身由硬铝和木材制成

霍克飓风

服役时间：	1937年
制造国家：	英国
机身长度：	9.75米（32英尺）
续航里程：	740公里（460英里）
动力来源：	1030匹马力的罗尔斯·罗伊斯"灰背隼"Ⅱ/Ⅲ型12缸液冷发动机
机组人员：	1人
主要武器：	8挺勃朗宁0.303英寸（7.7毫米）口径机枪
辅助武器：	2枚113千克（250磅）或227千克（500磅）炸弹

机，其余的中队配备的则是性能较差且容易受损的博尔顿·保罗挑战者战斗机。

第二次世界大战期间，由于纳粹战争机器入侵法国和低地诸国，英国远征军迫切需要来自空中的战术支援,因此飓风战斗机在保卫地中海的马耳他岛、北非以及欧洲大陆的战斗中写下了英勇篇章。整个战争期间,飓风战斗机都是英联邦空军部队的中流砥柱。

飓风战斗机是英国皇家空军首款投入实战的单翼机,也是首款时速超过480公里(300英里)的飞机。飓风战斗机的起源可以追溯到1933年,当时刚开始研发霍克狂怒单翼机,使用的是罗尔斯·罗伊斯"云雀"发动机。次年,英国航空部发布了新型战斗机的设计需求,数月后举行了设计会议,原型机于1935年11月6日首飞。

1937年12月,飓风战斗机交付驻诺索尔特的第111中队使用。这款飞机进行了多次改进,包括增加自封油箱、机翼下副油箱,还有沙漠和热带气候的针对性改造等,还配备了可携带2枚227公斤(500磅)炸弹的挂架,使其能够执行战斗轰炸任务。

1944年9月,最后一架在英国制造的飓风战斗机交付给皇家空军。战争期间的制造总数超过14000架,其中12950架由霍克和格洛斯特飞机公司在英国制造,超过1000架由加拿大汽车铸造公司在加拿大制造。

动力来源

罗尔斯·罗伊斯"灰背隼"发动机是一款12缸液冷直列式航空发动机,研发于20世纪30年代初期,并于1933年10月15日首次试车。多用途的"灰背隼"发动机是"二战"中最成功的航空发动机之一,不仅用于阿弗罗兰开斯特轰炸机和超级马林喷火式战斗机,还提升了北美P-51野马战斗机的性能表现。

"灰背隼"发动机能够爆发出1030匹马力,这样的性能让飓风战斗机的最高时速可以达到512公里(318英里)。随着战争持续,发动机性能逐步改善。在格拉斯哥、德比和克鲁的罗尔斯·罗伊斯工厂,以及曼彻斯特附近福特英国公司的特拉福德公园工厂生产了将近1500台"灰背隼"发动机。

▲ 学生们参观罗尔斯·罗伊斯"灰背隼"发动机的内部构造

▲ 霍克飓风战斗机的座舱后方有独特的隆起

▲ 这是一架改装而成的飓风战斗轰炸机

▲ 第二次世界大战一触即发，因此早期的飓风战斗机使用了现成材料以便迅速交付使用

多用途的"灰背隼"发动机是"二战"中最成功的航空发动机之一。

▲ 不列颠之战期间,飓风战斗机中队表现出色

▲ 第二次世界大战期间,多款皇家空军的机型搭载了多用途的罗尔斯·罗伊斯"灰背隼"发动机

▲ 军械员为霍克飓风战斗机机翼上的勃朗宁0.303英寸（7.7毫米）口径机枪装填弹药

武器装备

早期生产的Mk.I飓风战斗机在机翼上装有8挺勃朗宁0.303英寸（7.7毫米）口径机枪，而后来的机型则安装了各式武器。举例来说，IIB配备了12挺0.303英寸口径机枪，以及能够装载2枚113公斤（250磅）或227公斤（500磅）炸弹的挂架；IIC配备了4门强大的20毫米口径西斯帕诺机炮，还保留了携带炸弹的能力；IID则安装了2门维克斯40毫米口径S型机炮和2挺0.303英寸口径机枪；IV飓风战斗机配备了2门40毫米口径S型机炮、2挺0.303英寸口径机枪以及2枚227公斤炸弹。经实战检验，后续的衍生机型能够有效执行坦克歼击任务。

▲ 飓风战斗机的多个衍生机型都配备了0.303英寸口径的勃朗宁机枪

▲ 工厂车间里，女工正在装配霍克飓风战斗机的部件

结构设计

飞机设计师悉尼·卡姆爵士（Sir Sydney Camm）开发了低翼悬臂结构的霍克飓风战斗机。早期生产的飞机机翼蒙皮为织物材质，后来由应力金属蒙皮取代，机身由硬铝和木材构成，蒙皮同样是织物材质。这种设计最初是为了应急，主要目的是让战斗机能够迅速投入使用，不过在后来的生产中得以保留。飓风战斗机相对较重，像是一个坚固稳定的炮台。不过，它的速度比不上喷火式战斗机和德国梅塞施密特Me-109战斗机。飓风战斗机的实用升限为36000英尺（10973米），比Me-109低，飞行员还存在视觉盲区，这使得飓风战斗机容易受到后方攻击。

▲ 霍克飓风战斗机的开发团队由悉尼·卡姆爵士领衔

驾驶座舱

霍克飓风战斗机的座舱布局紧凑但实用:标准仪表板位于飞行员座椅前方,操纵杆位于中央,电池电压强度指示器在左侧,升降舵和方向舵配平控制在左下方,油门在左上方,主油箱和备用油箱选择器也在左侧;空速表、人工地平仪、垂直速度表、高度表、方向陀螺仪和转弯滑行指示器从左到右排列在仪表板上;发动机仪表,包括增压计、油压表、油温表以及燃油压力表,位于仪表板右侧。

▲ 飞行员面前有标准仪表板,位置靠近操纵杆

服役历史

霍克飓风战斗机是不列颠之战中的低调赢家,在"二战"期间服役于英国皇家空军的各个战区

超级马林喷火式战斗机在英国上空大放异彩,而霍克飓风战斗机可以说是相貌平平的"灰姑娘"。尽管如此,在不列颠之战的艰难岁月里,飓风战斗机坚守防线,击落的德军飞机数量比皇家空军的任何飞机都要多。仅第615中队的飓风战斗机就击落了近100架敌机。

飓风战斗机在操控性上不如德国的Me-109战斗机,速度也明显较慢,但可以承受严重的打击。此外,它还可以比对手在空中飞行更久。为了弥补飓风战斗机在近距离空战中的不足,皇家空军的飞行员开发了卓有成效的战术:飓风战斗机负责攻击德国轰炸机,而更灵活的喷火式战斗机则与敌方战斗机缠斗。

1940年8月17日,第249中队的J.B.尼科尔森(J.B. Nicolson)中尉在身负重伤、战斗机起火的情况下,仍然击落了

▲ 不列颠之战期间,飓风战斗机在英国皇家空军的职责是抵御德国空军轰炸机,而速度更快的超级马林喷火式战斗机负责对抗敌军战斗机

一架Me-110战斗机，并因此赢得了维多利亚十字勋章。在不列颠之战中，第257中队的罗伯特·斯坦福·塔克（Robert Stanford Tuck）队长和第303中队的约瑟夫·弗朗提谢克（Josef Frantisek）中士是飓风战斗机的王牌飞行员。中队长马默杜克·帕特尔（Marmaduke 'Pat' Pattle，绰号"帕特"）驾驶飓风战斗机在地中海战区取得了35次胜利，是"二战"期间表现最好的王牌飞行员。

尽管飓风战斗机存在短板，飞行员们依然对其赞誉有加。一位飞行员曾说："飓风战斗机从一开始就是一位好战友，我越来越喜欢它。"

1941年，英国皇家空军的第81和第134中队与苏联红军在东线协同作战。在中缅印战区，第20中队的飓风战斗机在一次任务中摧毁了13辆日军坦克，战功卓著，值得铭记。飓风战斗机还被改装为夜间战斗机，可以从商船上弹射起飞，为横跨大西洋的船队提供空中掩护。

飓风战斗机的服役生涯一直持续到20世纪50年代，至少有25个国家的空军部队使用过该机型。从1945年至1959年，每年都有一架飓风战斗机有幸成为领队，带领英国皇家空军飞过伦敦上空，纪念不列颠之战。

▲ 一架俯冲姿态的飓风战斗机，飞行员瞄准地面目标

梅塞施密特 Me-262

首款用于实战的喷气式战斗机,开启了航空史上的新纪元,但未能影响战争走向

文 / 迈克尔·哈斯丘

1944年夏季,盟军轰炸机在对纳粹德国的行动中遇到了一个全新的、可怖的存在——Me-262喷气式战斗机。这款流线型飞机具备前所未有的速度,让螺旋桨驱动的飞机相形见绌。当时困惑的盟军飞行员或许还不知道,他们的遭遇正预示着喷气动力战争的到来。

虽然到了战争后期喷气技术才在战场上亮相,但早在20世纪20年代末,英国、美国和德国的工程师就已在紧锣密鼓地开发和完善新一代发动机了。英国的弗兰克·惠特尔(Frank Whittle)设计了最早的涡轮喷气发动机,不过第一架实用型喷气式飞机He-178是由德国人汉斯·冯·奥海

飞行员遇到了发动机的涡轮问题，在喷气推进的强大动力下，这些涡轮难以保持完整。

梅塞施密特 Me 262

制造厂商	梅塞施密特
战场角色	战斗机
最大空速	870公里/小时（541英里/小时）
最大航程	1049公里（652英里）
动力来源	2台容克朱莫004B型发动机
机组人员	1人
机载武器	4挺30毫米口径MK-108型机炮

恩（Hans von Ohain）完成的，首次试飞的时间恰好在1939年德国入侵波兰前几天。

在战争的大部分时间里，由于缺乏合适的材料以及政治因素的影响，德国首架功能型喷气式战斗机开发受阻。1942年前后，Me 262开启飞行测试，但由于结果好坏不一，直到两年后这款飞机才用于实战。

飞行过程中，发动机涡轮出现了问题。在喷气推进的强大动力下，这些涡轮难以保持完整。此外，1941年入侵苏联后，纳粹高层对这种昂贵的试验机失去了耐心。

▲ Me-262外号叫"燕子"（Schwalbe），但是尖尖的机头也赋予了它类似鲨鱼的外观

▲ 如图所示，俯冲姿态的Me-262喷气式战斗机，在速度和机动性能方面超越了同时期所有盟军的战斗机

▲ Me-262采用了三轮起落架，这是纳粹德国喷气试验机的常见配置

动力来源

容克朱莫004B型发动机是世界上首款量产的涡轮喷气发动机。第二次世界大战期间，容克发动机公司在德国制造了约8000台。一对朱莫004B型发动机能够提供1.34吨（2968磅）的推力，这让Me-262在面对盟军战斗机时拥有速度上的绝对优势。朱莫004B型发动机使用的燃油有三种：柴油、高辛烷值航空汽油和J-2煤基合成燃料。20世纪30年代中期，德国开始研发朱莫004B型发动机，但受制于涡轮叶片故障和其他问题，直到1944年才开始全面生产。战后，苏联继续生产朱莫004B型发动机。

▲ 结实的容克朱莫004B型发动机舱前部有巨大的进气口，引导气流穿过发动机

▲ 移除外壳后，容克朱莫004B型发动机的内部结构一览无余

一对朱莫004B型发动机能够提供1.34吨（2968磅）的推力，这让Me-262在面对盟军战斗机时拥有速度上的绝对优势。

▲ 剖面照片中展示的是涡轮风扇叶片，正是这个"麻烦"延缓了容克朱莫004B型喷气发动机的开发进程

威力强大的莱茵金属-博希格MK-108型30毫米口径自动炮安装在Me-262的机头部位，能够透过整流罩射击

▲ 在Me-262的机头整流罩内，4门MK-106型30毫米口径自动炮可以从两侧进行维护

武器装备

1940年，在没有得到政府合同的情况下，武器制造商莱茵金属-博希格公司开始为作战飞机开发威力强大的MK-108型30毫米口径自动炮。

不久后，这款火力强大的武器进入了德国空军部的视线，并于1943年开始生产。虽然较低的子弹初速限制了射程，但与速度极快的Me-262喷气式战斗机搭配使用时效果显著，飞机的整流罩里最多可安装4门机炮。不过，飞行员需要有出色的驾驶技巧，以避免在接近目标时发生碰撞。平均来看，MK-108型自动炮只需命中4次即可摧毁盟军的重型轰炸机。

> 飞行员需要有出色的驾驶技巧，以避免在接近目标时发生碰撞。

◀ 虽然子弹初速和射击速度相对较低,但MK-108型30毫米口径自动炮能够对敌机造成毁灭性打击

▲ 军械员在为夜间战斗机版的Me-262维护MK-108型30毫米口径自动炮

▲ 通过座舱内的主仪表板，Me-262 的飞行员可以查看飞行状况、仪器状态和武器控制等信息

▲ Me-262座舱的右舷控制台上，装有一个手动炸弹投放杆和无线电盒

驾驶座舱

　　Me-262的座舱与"二战"期间的其他梅塞施密特机型相似：座舱内配置了可调节的座椅和方向舵踏板；90毫米厚的装甲风挡玻璃配备了电加热装置，可以用于除冰；在起飞和降落时，莱比16B型瞄准器可以收纳在风挡内；控制杆上有一个弹簧顶住的保险装置，控制着30毫米口径机炮的发射按钮，以及炸弹投放、清理枪膛和无线电传输的按钮；座舱左上方的飞行面板、下方的武器控制面板，还有右侧的发动机性能指示器共同组成了飞行仪表板。

结构设计

从Me-262的流线型机身可以预见未来喷气式战斗机的设计风格。低矮的座舱盖可以减少阻力，微微后掠的机翼结构可以平衡两台喷气发动机的重心。这两台发动机最初安装在机翼根部，后来移到了机翼吊舱上。机体由多个部分铆接在一起，而且采用了三轮起落架的配置，这也是早期德国空军喷气式飞机的常见设计。这种设计不仅可以改善整体性能，还能让Me-262在急转弯时保持较高的空速，比起传统的螺旋桨飞机具有明显的作战优势。

▲ 希特勒的频繁干预延误了Me 262双发喷气式战斗机的开发进程

服役历史

作为"二战"中最先进的飞机，Me-262投入战斗的时间太晚，未能影响战争的结局

当德国空军中将阿道夫·加兰德（Adolf Galland）试飞新的Me-262喷气式战斗机时，他兴奋地报告："感觉就像是有天使在推着它飞。"

▲ Me-262喷气式战斗机的座舱狭窄，但控制杆、仪表板和座舱布局符合人体工程学

Me-262的性能超越了盟军的螺旋桨战斗机，甚至有潜力摧毁那些在"二战"期间对德国城市和工业中心进行破坏的重型轰炸机编队。

然而，由于希特勒的干预，同时德国空军对研发也不够投入，Me-262直到1944年春季才正式投入前线作战。

尽管制造了1400多架Me-262战斗机，但同一时间内只有不到300架在德国空军服役。这款多功能喷气式飞机绰号为"燕子"，曾用作轻型轰炸机，在1944年3月的行动中袭击了莱茵河对岸的美军桥头堡。它还是一款传奇战斗机，在速度和机动性上超越了同时期的盟军飞机。

第二次世界大战期间，共有7个德国空军部队使用Me-262参与了战斗。其中，最为人熟知的是诺沃特尼突击大队（Kommando Nowotny），又称第7狩猎中队。

第7狩猎中队的名字源于其指挥官沃尔特·诺沃特尼少校（Walter Nowotny），该部队开发了可以与Me-262搭配使用的战术。诺沃特尼在战争中共取得了258次空战胜利，其中三次是在驾驶Me-262的情况下完成的。1944年11月8日，诺沃特尼在与美国战斗机交战后坠机身亡。

战争结束时，共有28名德国空军飞行员达到了"王牌"的水准，他们驾驶这款新式飞机击落了5架或更多数量的敌机。据估计，飞行员驾驶Me-262摧毁了约200架盟军飞机。20世纪40年代末，美国和苏联的工程师对缴获的德国喷气式飞机进行了测试，Me-262的设计也影响了后来的军用飞机。

"二战"之后

136 格罗斯特流星FR.9
144 通用动力F-111土豚
156 英国宇航鹞式GR9
166 格鲁曼F-14D"雄猫"
178 布莱克本掠夺者S.2
190 帕那维亚狂风
202 F-15鹰式

格罗斯特流星 FR.9

格罗斯特流星FR.9是英国皇家空军首款喷气式战斗机的战术侦察版本,曾在欧洲和中东服役

文 / 斯图尔特·哈达威

狭窄座舱
流星战斗机的驾驶舱狭窄拥挤,飞行员在坠毁前弹射跳伞可能会很危险,存在多种割伤和断骨的隐患。

机头部分
格罗斯特流星FR.9唯一重大的设计变化是相机舱,配有多个用于对准镜头的窗口。

格罗斯特流星 FR.9

服役时间:	1950年
制造国家:	英国
机身长度:	13.6米(44英尺7英寸)
续航里程:	1110公里(690英里)
动力来源:	2台1587公斤(3500磅)推力的罗尔斯·罗伊斯"德温特"8型发动机
机组人员:	1人
武器装备:	4门20毫米口径西斯帕诺Mk.V型机炮

1944年7月，英国皇家空军的首款喷气式战斗机投入使用，接着在短时间内取得了长足的进步。格罗斯特流星FR.9是该款战斗机的最终版本之一，于1950年投入使用。它的发动机功率是初代流星的两倍，而且速度也快了一半。

老派设计

流星战斗机的设计缺乏创意，机身线条也不如同时代的喷气式飞机那样激进。不过，这样的设计也有好处，可以加快测试和生产的速度。

简约高效的机身

从某种意义上来说，流星战斗机经典的硬壳式机身有些过时了，但是这样的设计足够简约、易于生产且用途广泛。

◀ 格罗斯特流星战斗机是英国首架喷气式战斗机，于1944年投入使用。

FR.9的设计初衷是为了取代超级马林喷火式FR.18战斗机，因为英国皇家空军正逐步将服役的战斗机全部换成喷气式飞机。FR.9的设计和验收过程极其短暂，第一架原型机试飞数月后，首批

▲ 流星战斗机可能看着朴实无华，但有着干净优雅的机身线条

137

生产的飞机便投入使用了。这批飞机被迅速部署到欧洲；同时还被部署到中东地区，因为英国需要应对埃及和波斯湾的紧张局势。FR.9设计用于在战场上进行快速的低空作业，尽管实战中的飞行高度更低，但是出于安全考虑，飞行员的飞行训练高度为76米（250英尺）。

格罗斯特流星FR.9战斗机的制造总数为126架，服役于四个现役中队和一个训练部队。它的服役时间一直延续到20世纪60年代初期。

驾驶座舱

流星FR.9的驾驶舱拥挤不堪。虽然飞行员面前的基本飞行仪表和控制装置易于操作，但驾驶舱的两侧内壁布满了发动机、电气、无线电和其他设备的控制装置。F.24摄像机的控制装置位于驾驶舱右壁，而对于更为复杂的F.95摄像机来说，控制装置则要安装在仪表板的左上方。

驾驶舱的两侧内壁布满了发动机、电气、无线电和其他设备的控制装置。

▶ FR.9是F.8的改进版本

> FR.9配备了4门20毫米口径机炮,但它真正的武器是摄像机。

▲ 清理流星Mk.III战斗机的机枪,这样的维护对于低空飞行的FR.9也非常重要

FR.9在F.8的基础上保留了4门20毫米口径机炮(如图所示),只有机头最尖端进行了修改,用于安装摄影机

武器装备

流量FR.9携带了4门20毫米口径机炮,但它真正的武器是摄像机。机头部分有3个窗口——分别朝向前方和两侧,但机舱内只能容纳1台F.24摄像机,所以飞机必须以正确的角度飞越目标。F.24是一款出色但老旧的摄像机,不适合喷气式飞机。1953年,F.95取代了F.24摄像机。这款新型摄像机足够小,可以在每个窗口上各安装1台(每台配备可曝光400次的胶片),让流量FR.9变得更加灵活,也更加强大。

动力来源

罗尔斯·罗伊斯"德温特"8型发动机是W.2B维兰德型的改进版,而维兰德型发动机是弗兰克·惠特尔研发的首台喷气发动机的量产版本,曾于1943年为流星F.1提供动力。这款涡轮喷气发动机配有基础的单级离心式压缩机和10个燃烧室,经过多个型号的改进后,最终版Mk.8型发动机的推力达到了1587公斤(3500磅),几乎是流星F.1当初使用的W.2B维兰德型发动机的2倍。这款发动机及其配套系统设计简单、可靠且易于维护。

▲ 简单有效的罗尔斯·罗伊斯"德温特"8型发动机,摄于帝国战争博物馆达克斯福德分馆

Mk.8型发动机的推力几乎是流星F.1当初使用的W.2B维兰德型发动机的2倍。

结构设计

FR.9几乎就是F.8战斗机改型的翻版，仅增加了适配摄像机的头锥。FR.9保留了战斗机的性能和武器，以便发挥战场潜力——既能自卫，又能在适当时机攻击地面目标。FR.9能够迅速服役很大程度上是因为与先前机型的相似特征。此外，从进入中队服役到退役，FR.9只进行了两次小改动：1950年12月加装了弹射座椅；1953年更新了相机设备。

▲ FR.9之所以能够迅速问世，是因为它与F.8战斗机相仿

◀ FR.9基于F.8的机身进行了改造，只有头锥的相机舱有所不同

服役历史

流星FR.9迅速投入使用，部署至世界多个地区

1950年3月22日，流星FR.9进行了首飞。同年底，FR.9随英国皇家空军第2中队进驻德国，随后又服役于驻埃及的第208中队。1951年12月，驻德国的第79中队接收了FR.9，而驻亚丁的第8中队则是最后一个使用该机型的前线部队，他们于1958年接收了这款飞机。FR.9的飞行员由第226作战转换部队负责训练。

由于FR.9只是在流星F.8战斗机的基础上进行了小幅度改装，因此它能够迅速投入使用。1956年第二次中东战争期间，第208中队的FR.9在塞浦路斯上空盘旋，不过并未发生实际战斗。英国人在波斯湾打了几场小型战争，FR.9战斗机就派上了用场。最后一批FR.9于1961年退役，20多架出售给了厄瓜多尔、以色列和叙利亚。

▲ 1952年，澳大利亚皇家空军的一架F.8战斗机在韩国检修。F.8与FR.9的设计非常相近

▲ 第208中队的流星FR.9进行密集编队飞行，1951年摄于埃及上空

通用动力 F-111 土豚

服役时间：	1967年
制造国家：	美国
机身长度：	22.4米（73.49英尺）
翼展宽度：	19.2米（62.99英尺）
机身高度：	5.22米（17.13英尺）
动力来源：	2台普拉特·惠特尼TF30型涡轮风扇发动机
机组人员：	2人
最大空速：	2655公里/小时（1650英里/小时）
最大航程：	6760公里（4200英里）
武器装备：	M61火神式内置机炮和专用弹药

通用动力 F-111 土豚

F-111的开发初期并非一帆风顺，但它仍不失为一款非常成功的战斗机，曾参与越南战争、利比亚战争和海湾战争

文/汤姆·加纳

2006年,澳大利亚皇家空军的4架F-111战斗机参与加油演习。澳大利亚皇家空军是最后使用F-111的部队,该机型于2010年宣布退役

F-111非常适合对重兵把守的目标实施低空精确打击,以极快的速度飞行,对手直到炸弹爆炸才知道遭受了攻击。

F-111 是一款多用途战斗轰炸机，能够超声速飞行，是美国空军历史上最安全的作战飞机之一。20世纪60年代，美国战术空军司令部想要一款可以在较短跑道上起飞的机型，于是F-111的初步设计工作便开始了。不过，时任美国国防部长罗伯特·麦克纳马拉（Robert McNamara）要求美国空军和海军开发一款海空通用的飞机，于是这项任务就变得复杂起来。起初两军都对这款联合战斗机表示欢迎，但未能就飞机重量、引擎型号和空气阻力等问题达成一致，开发成本也不断攀升，后来美国海军便退出了。话虽如此，解决了初期问题后，F-111还是成为一款出色的战斗机。

F-111有着修长的机头，因此有个外号叫"土豚"。飞行员还称其为"飞行乐事"，因为F-111的速度极快，在可变后掠翼的帮助下能够平稳飞行。在海平面上，F-111既能慢速巡航，又能超声速突进。

如此出色的性能表现离不开精密的雷达系统。在雷达系统加持下，F-111能够在恒定的高度沿着地球的等高线飞行。因此，无论天气状况如何，F-111都可以在山谷或山脉地形昼夜飞行。如果系统的任何电路出现故障，飞机就会自动开始爬升。

因此，F-111非常适合对重兵把守的目标实施低空精确打击，以极快的速度飞行，敌人直到炸弹爆炸才知道遭受了攻击。据一名在越南上空被击落的F-111机组人员回忆，当地警卫用手比画，迅速从一边指向另一边，并对他喊道："你的飞机……嗖的一下……速度真快！"

▲ 这架F-111曾驻扎于英格兰牛津郡的上贺福德美国空军基地，现在则作为帝国战争博物馆达克斯福德分馆的展品，在美国空军博物馆展出

武器装备

F-111最多可携带4枚核武器,其中2枚炸弹存放在内部武器舱。机翼塔架上的外部弹药舱可装载多达1500公斤的炸弹、导弹和火箭弹。飞机上的M61火神式机炮主要用于自卫,是一种六管旋转机炮,能以每分钟6000发的极高速度发射20毫米口径子弹。

F-111的设计始于1946年,自1959年以来一直效力于美军部队。

> 机翼塔架上的外部弹药舱可装载多达1500公斤的炸弹、导弹和火箭弹。

1980年,一架F-111A战斗机在美国内华达州的靶场投掷了24枚马克82型低阻炸弹

▲ F-111火力强劲，是当时可在短时间内投放核弹的最快飞机之一

▲ F-111可以携带不同武器,图为1981年拍摄的一架挂有混凝土穿透导弹的F-111战斗机

▼ 用于防御的M61火神式旋转机炮,它的设计基于19世纪的加特林机枪,每分钟可发射超过6000发子弹

▲ F-111需2名机组人员驾控,分别是飞行员和武器系统操作官

驾驶座舱

加压驾驶舱装有空调,可以容纳2名机组人员并排就座,同时也是一种创新的紧急逃生装置。这个驾驶舱可作为陆地或水上生存庇护所:紧急情况下,导爆索可以将驾驶舱模块与飞机分离,然后驾驶舱通过降落伞下落;安全气囊可以缓冲撞击,还能帮助逃生模块在水面上漂浮。驾驶舱可以在任何速度或高度释放,甚至在水下也可以。水下逃生时,安全气囊在逃生模块与飞机分离后将其升到水面。

> **驾驶舱可以以任何速度或高度释放,甚至在水下也可以。**

▲ F-111的驾驶舱在紧急情况下能充当可分离的逃生模块,所以并不需要弹射座椅

▲ 驾驶舱与飞机分离后,降落伞展开,驾驶舱底部还有安全气囊用于缓震

▲ F-111最适合用作夜间战斗机,图为1990年夜间试飞之前,1名美军少校检查驾驶舱

大马力发动机与航空电子系统相得益彰,使得F-111能在60米高度以1.2马赫的速度飞行。

F-111拥有复杂的航空电子系统,包括通信、导航、地形跟踪、目标捕获和敌方防空压制系统

动力来源

F-111由2台普拉特·惠特尼TF30型加力涡扇发动机提供动力,最大空速超过2马赫,能达到每小时2655公里。

1964年12月21日,F-111进行了首次飞行,其间发动机出现过问题,包括压气机喘振和停车。美国空军、通用动力公司,甚至还有美国国家航空航天局三方合作,通过对主进气道进行设计修复了发动机的故障。问题解决后,F-111变得非常强大。大马力发动机与航空电子系统相得益彰,使得F-111能在仅60米的高度以1.2马赫的速度飞行。

▲ F-111的动力源于2台强大的普拉特·惠特尼TF30型涡轮风扇发动机,时速超过2500公里

▶ 在一次航展上,澳大利亚皇家空军的F-111C展示了"倾倒燃烧"的特技动作,先排出燃料再用飞机的加力器点燃

服役历史

从1972年9月到1973年3月,F-111A在越南上空出动了4000多架次,只损失了6架,也就是说F-111A的损失率仅为0.015%,是越南战争中生存能力最强的飞机。

1986年,美国对利比亚发起了黄金峡谷行动(Operation El Dorado Canyon),这是一次针对柏林爆炸案的报复性打击,超过40架F-111战斗机参与其中。在这场夜间突袭中,美军向目标倾泻了54吨弹药,付出的代价仅为1架飞机。3支F-111中队还参加了海湾战争,执行了多次作战任务,摧毁了数百辆伊拉克的车辆和火炮,对伊拉克的指挥中心进行了针对性打击。

▲ 一架F-111F战斗机正在释放机载的马克82型炸弹。海湾战争期间,这样的场景多次上演

▲ 针对利比亚的报复性空袭前夕，英国雷肯希思皇家空军基地的地勤人员为美国F-111F战斗机做行前准备，该飞机配备了GBU-10模块式滑翔炸弹

英国宇航鹞式 GR9

英国皇家空军最后使用的"鹞式"战斗机是一款高科技强力战机

英国宇航鹞式 GR9

问世年份	2006年
制造国家	英国
机身长度	14.36米（47英尺）
最大空速	574节（660英里/小时）
实用升限	13106米（43000英尺）
引擎推力	21750磅
动力来源	罗尔斯·罗伊斯"飞马"105型涡轮风扇发动机
机组人员	1人
武器装备	AIM-9L响尾蛇导弹，小牛空对地导弹，宝石路II型激光制导炸弹，宝石路III型激光制导炸弹，增强型宝石路激光制导炸弹，通用炸弹和CRV-7火箭弹仓

鹞式GR9战斗机是20世纪英国最著名的工程创新之一，独特的设计使其成为致命的战争杀器。

1957年，鹞式战斗机首次亮相，随后又进行了多次更新。1980年，由于该系列需要调整，美国和英国达成一致，通过了一个1.84亿英镑（2.8亿美元）的项目，最终推出了鹞式II。

鹞式II是执行攻击和侦察任务的理想机型。南斯拉夫解体后，北约时常部署鹞式II来遏止暴力冲突。在服役生涯后期，鹞式II与海鹞式战斗机组成了联合鹞式部队。

在入侵伊拉克期间，英国发起了特利克行动（Operation Telic），其中包括巴士拉战役（Battle of Basra），鹞式战斗机使

▲ 2010年，一架鹞式II战斗机即将从英国皇家方舟号航空母舰起飞，图为驾驶舱内部

用AG-65型小牛空对地导弹有效摧毁了许多飞毛腿导弹发射架和燃料库。GR9是在皇家海军服役的最后一款鹞式机型，目前仍服役于美国海军陆战队。

2006年10月，GR9首次服役，这是GR7的更新版本。GR9拥有先进的精确武器、新型的通信设备以及升级改进的机体。英国海军航空兵博物馆展示的型号是ZD433，它于2011年12月20日投入使用。如今，它被亲切地称为"脏脏的哈利"（Dirty Harry），保持着服役时的状态。

▲ 一架飞行中的鹞式GR9战斗机上挂满了导弹

武器装备

2004年，贝宜系统公司（BAE Systems）收到了一份价值1亿英镑（1.51亿美元）的合同，用于开发GR9战斗机的武器装备，来助其执行攻击任务。海鹞式战斗机在马岛战争中表现出色，受此启发，鹞式II的首选武器是AIM-9响尾蛇超声速热追踪导弹。响尾蛇导弹是一种非常高效的空对空导弹，与鹞式战斗机的先进技术完美契合，可以有效利用机载的主动红外制导系统。

GR9对地面目标同样具有威慑作用，因为它配备了宝石路激光制导炸弹或小牛空对地导弹，可以通过爆炸、穿透和破片

▲ 飞机副燃料箱旁的火箭吊舱

等方式，摧毁大面积地区或重要目标。与许多攻击机不同，GR9没有配备机枪，但配备了硫磺石反装甲系统和CR7型火箭弹。

响尾蛇导弹是一种超高效的空对空导弹,与鹞式战斗机的先进技术完美契合,可以有效利用机载的主动红外制导系统。

▲ 非制导火箭弹是鹞式II的主力武器,常在导弹不可用的情况下使用

▲ 由于控制系统非常先进，GR9比其前身机型更易于驾驶

结构设计

鹞式II的翼展为9.25米，机翼面积比早期型号增加了14%。更加厚实的机翼和前缘根部延伸显著增加了飞机的有效载荷——只要有300米的起飞距离，鹞式就能多携带3035公斤的载荷。因此，飞机的重量比以往有所增加，主要是因为增加了导弹挂架和加强的机翼前缘，这样的结构可以减轻撞鸟事故对飞机的影响，这类事故在过去造成的问题比你能想象的更多。

驾驶座舱

GR9的驾驶舱配有各种技术设备,包括平视显示器、多用途彩色显示器和惯性导航系统,所有这些设计都是为了帮助飞行员执行任务。与大多数战斗机一样,GR9的许多功能都可以通过"手不离杆"(HOTAS)来实现。夜视镜是GR9的标准配置。此外,它还有一个瞄准舱,在困难的地形或恶劣的天气条件下,可以使用热成像技术和激光指示器来识别地面上的敌军单位。GR9生成的图像甚至可以通过数据链传输给地面部队和车辆,以协助他们执行同一任务。与英国不同的是,美国版的GR9仍在服役,未来计划安装地面迫近警告系统。

▲ 气泡式座舱盖为飞行员提供了绝佳的360度视野,让他们能够轻松看到后方是否有敌人(6点钟方向)

初版鹞式战斗机

革命性的霍克·西德利P.1127"红隼"飞机

20世纪50年代,英美开始研究固定翼飞机实现垂直起飞的可能性,美国洛克希德XFV-1这样的早期原型机未能获得成功。1957年,第一架鹞式战斗机问世,整个航空领域发生了翻天覆地的变化。尽管它本身只是一架试验机,但还是引领了新式飞机的发展。起初,这架鹞式战斗机受到了批评(人们嘲笑它是超声速时代的亚音速飞机),但是它那创新性的VSTOL(垂直/短距离起降)能力又让人印象深刻,这也是未来飞机中流行的VTOL(垂直起飞和降落)系统的雏形。飞机的悬停通过推力矢量控制来实现,具体方法是旋转发动机排气喷嘴,使其以90度角喷射。第一代鹞式战斗机搭载了罗尔斯·罗伊斯101型涡轮风扇发动机,是一款能够执行近距离支援和侦察任务的单座战斗机。

这一原型机后来发展为英国的鹞式GR MK1战斗机,于1969年4月1日投入使用。之后,这款战斗机被出口到美国并更名为AV-8A,取代了F-4幻影战斗机。自那以后,GR MK1经历了一系列升级,在马岛战争中表现亮眼,广为人知。当时英国出动了1190架次,击落了20架阿根廷喷气式飞机,自身没有蒙受任何空战损失。

▲ AV-8S鹞式战斗机是标志性的霍克·西德利P.1127"红隼"飞机衍生而来的后期改型之一

罗尔斯·罗伊斯"飞马"发动机

GR9搭载的是罗尔斯·罗伊斯"飞马"系列矢量推力涡轮风扇发动机。GR9的发动机型号为MK105型,而GR9A的发动机则是小幅升级的MK107型,可提供23400磅的巨大推力。MK107型发动机性能强大,以至于机身后部只能使用抗疲劳强度极高的金属打造。这样的金属通常是复合材料,不仅有助于减轻重量,还能让GR9飞得更远。与早期型号使用的铝合金机身相比,这种现代飞机使用的材料有了巨大改进。

▲"飞马"发动机专为鹞式的悬停功能而生,奥秘在于旋转喷嘴和气流管理

与早期型号使用的铝合金机身相比，这种现代飞机使用的材料有了巨大改进。

▲ GR9具有出色的流线型设计，尾翼可以通过液压千斤顶控制，从而更加符合空气动力学

▶ 在海军航空兵博物馆，资深撰稿人杰克亲身体验了鹞式战斗机

GR9 的发展历程

鹞式 II 其他改型速览

GR5

GR5是第二代鹞式战斗机的首款机型，更新了前一代飞机上的航空电子设备和武器。这是鹞式战斗机发展过程中的重要一步，在下一次升级之前还制造过短暂服役的GR5A。

GR7

接下来生产的是GR7，于1990年5月完成了首飞。这款鹞式战斗机具备夜间作战能力，GR7和GR7A改进了推力和电气系统，能够携带更大的有效载荷。

T10

和许多战斗机一样，第二代鹞式战斗机也有训练机型。T10以美国教练机TAV-8B为基础，但与美国同类教练机不同的是，它可以随时升空作战。

T10以美国教练机TAV-8B为基础，但与美国同类教练机不同的是，它可以随时升空作战。

▼ GR9的设计注重横向稳定和易于操控

格鲁曼 F-14D "雄猫"

文/尼尔·沃森

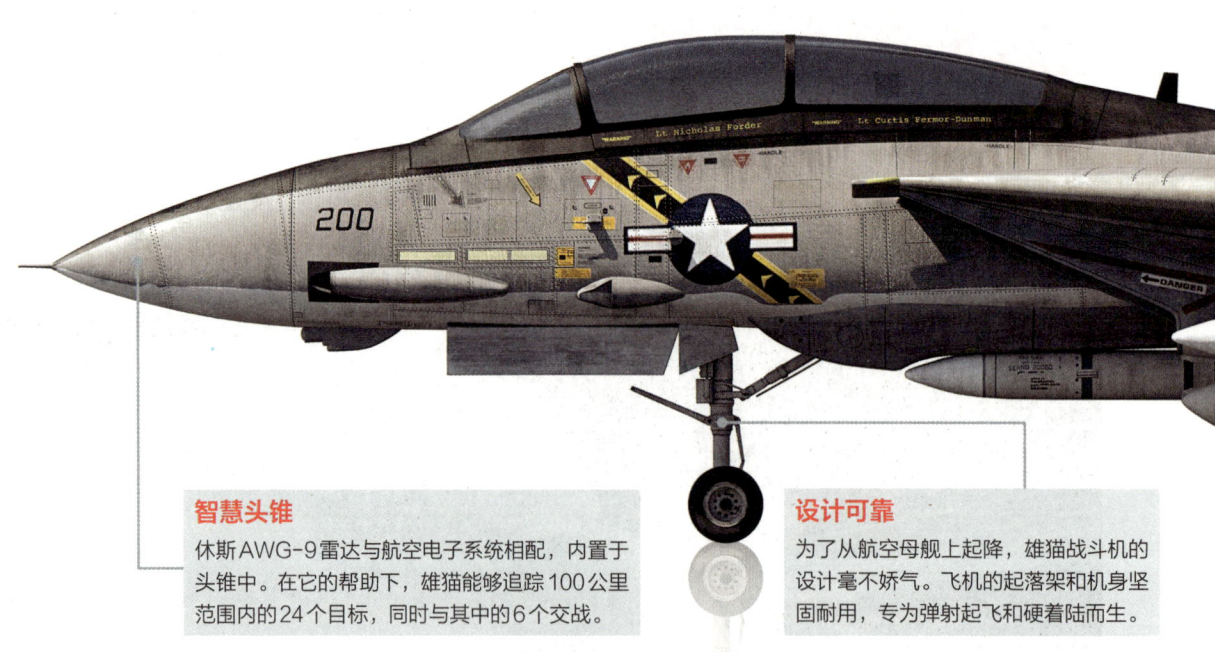

智慧头锥
休斯AWG-9雷达与航空电子系统相配,内置于头锥中。在它的帮助下,雄猫能够追踪100公里范围内的24个目标,同时与其中的6个交战。

设计可靠
为了从航空母舰上起降,雄猫战斗机的设计毫不娇气。飞机的起落架和机身坚固耐用,专为弹射起飞和硬着陆而生。

F-14 的设计工作始于1967年。那时,人们清楚认识到美国的空中力量自朝鲜战争以来就退步不前。越南上空的美军战斗机,与远不如(理论上)自己的战斗机对垒时,居然打得有来有回,倍感吃力。美国当时的战略重心一直是用导弹对付苏联的核轰炸机,而不是进行空对空作战,这导致美国丧失了近距离空战所需的技能、经验和装备。

F-14的诞生正是为了填补这方面的空白。它主要充当远航舰队的防御截击机，同时也是一款出色的空中优势战斗机。F-14的设计能够胜任各种战斗任务，配备了最先进的雷达、可变几何机翼、多达8枚空对空导弹，还有1门用于传统近距离空战的20毫米口径机炮。1986年，电影《壮志凌云》风靡一时，雄猫战斗机跟着一举成名，它不仅外形出众，而且实力非凡。

格鲁曼 F-14D 雄猫

服役时间：	1969年
制造国家：	美国
机身长度：	19.13米
机翼长度：	19.5米
动力来源：	2台通用电气F110-GE-400型73.9千牛（16610磅力）加力涡扇发动机
机组人员：	2人
主要武器：	最多8枚空对空导弹和1门20毫米口径火神式机炮
辅助武器：	非制导和制导炸弹

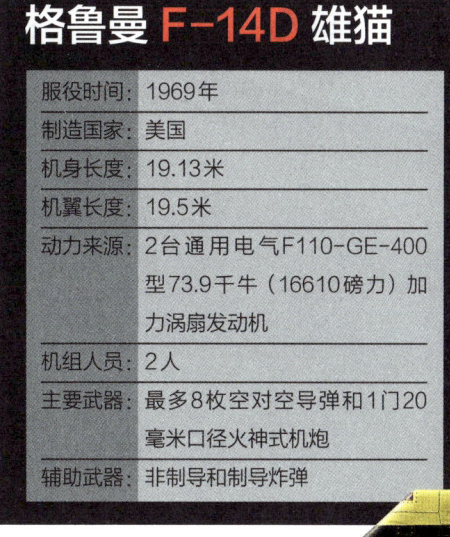

双尾设计
为了获得最佳的性能表现，雄猫战斗机需要较大的垂直尾翼面积。在表面积不变的情况下，双尾翼设计的飞机往往尾翼更短，也就更容易存放在狭窄的航空母舰机库中。

发动机舱
雄猫战斗机的两个发动机舱间距较大，这样的设计为燃料、航空电子设备和武器挂架提供了额外的存储空间。由于可变翼设计的限制，这些通常挂载于机翼上的设备无法直接安装在雄猫战斗机的两翼下。

F-14还参与了两次海湾战争以及20世纪90年代伊拉克战争和巴尔干半岛冲突。1980至1988年两伊战争期间，雄猫战斗机也曾服役于伊朗伊斯兰共和国空军。

▲ 渴望速度：一架F-14战斗机突破音速

雄猫战斗机配备了最先进的雷达、可变几何机翼、最多可携带8枚空对空导弹，以及用于传统近距离空战的20毫米口径机炮，可以执行各类作战任务。

▲ 在一次联合演习中，第14战斗机中队的F-14A雄猫战斗机，飞越舷号为"R99"的法国福煦号航空母舰

▲ 一架F-14雄猫即将降落在尼米兹号航空母舰上

雄猫战斗机的火神式机炮正在装填弹药

雄猫战斗机试射AIM-54不死鸟导弹

武器装备

雄猫战斗机装备了多达8枚空对空导弹，具有强大的进攻能力，其中一半挂在发动机舱之间的机身下，另一半则位于机翼根部。飞行员的武器选择非常丰富，包括AIM-7麻雀中程半主动雷达制导导弹、AIM-9响尾蛇近程红外制导导弹，以及AIM-54不死鸟远程高超声速导弹。为了进行近距离战斗，雄猫还配备了1门M61A-1火神式20毫米口径六管旋转机炮，备弹675发。20世纪90年代，F-14D进行了升级，能够使用多种精确制导和非制导炸弹。

F-14加力燃烧，全力爬升

动力来源

早期的雄猫F-14A搭载了普拉特·惠特尼TF30型涡轮风扇发动机，推力为93千牛（20900磅力），但一系列问题影响了该发动机的可靠性，在20世纪80年代被通用电气F110-GE-400型涡轮风扇发动机所取代。这款新发动机能够提供73.9千牛（16610磅力）的推力，加力燃烧时推力可达125千牛（28100磅力）。不过，通用电气的发动机无须加力燃烧就能提供足够的推力，让雄猫战斗机从航空母舰上起飞，将飞机推升至53000英尺（16154米）的高空，速度可达2.34马赫。不仅如此，飞机的全速域性能也得到了优化，这得益于计算机控制的燃油系统以及可调节的进气道和排气喷管。

这些发动机可以提供足够的推力，让雄猫战斗机在无须加力燃烧的情况下就能从航空母舰上起飞。

两台发动机间隔较宽，能够放下航电设备、燃料和空气制动器

▲ F-14展开机翼，进入巡航模式

结构设计

  雄猫战斗机宽大的机身由钢、钛和复合材料构成，能够提供40%到60%的设计总升力，具体要取决于机翼的形态。可变几何机翼可自动调整以改善不同状态下的飞行性能：起飞、降落或巡航时，机翼会完全展开至20度角；超声速飞行时，机翼会收回至68度角（可以进一步收回机翼便于航母存放）。这种后掠翼设计让飞行控制变得复杂多样，不过双尾翼的设计提高了稳定性。

▲ 满载8枚空对空导弹的F-14

▲ 飞行中的伊朗伊斯兰共和国空军F-14A雄猫战斗机，摄于2018年

服役历史

1970年，F-14战斗机完成了首飞，4年后开始服役于美国海军。1983年，F-14已成为美国海军的主要舰队防御战斗机，并证明了自身的价值。1981年8月，两架F-14与两架利比亚苏霍伊22（苏-22）交战，F-14规避了攻击，并将对手悉数击落。后来，雄猫战斗机在地中海、波斯湾、阿富汗和巴尔干地区都参与了实战，在空对空和空对地任务中取得了多次成功，敌对行动中仅有一架遭受损失。2006年，F-14战斗机从美军部队退役。

两伊战争（1980—1988年）期间，雄猫战斗机参与了大量战斗。1979年伊朗革命前夕，伊朗国王接收了79架雄猫战斗机。随后，这些飞机在与伊拉克的战斗中取得了出色的击坠比率。尽管备件稀缺，但今天仍有少数雄猫战斗机在伊朗服役。

▲ 乔治·华盛顿号航空母舰上的F-14战斗机

雄猫战斗机在空对空和空对地任务中取得了多次成功。

▲ 飞行座椅较高,机组人员视野开阔

机组人员使用数字化与指针式相结合的操控系统和显示设备

▲ 武器系统操作官的视角下，有多面镜子帮助观察后方

驾驶座舱

雄猫战斗机配备了双人驾驶座舱，前排为飞行员，后排为武器系统操作官。在气泡状的座舱内，2名机组人员视野极佳，适用于近距离空战。只有飞行员能够控制飞行，但2名机组人员都能使用数字化与指针式相结合的操控系统和显示设备。平视显示器可以将关键的飞行信息投射到飞行员前方，电子光学系统能自动搜索并锁定目标，并在小型屏幕上显示目标信息。

布莱克本掠夺者 S.2

掠夺者服役数十载，表现优异，
是英国皇家空军最出色的攻击机机型之一

图文 / 尼尔·沃森

▲ 服役期间，掠夺者攻击机基本活跃于北海地区

设计之初，布莱克本掠夺者是一款舰载作战的低空攻击侦察机，在英国海军航空兵的航空母舰上服役了几年。随着TSR-2攻击机项目终止，争议不断，掠夺者只得顶上，临时转入皇家空军服役。

掠夺者攻击机有着悠久的服役历史。1994年退役之前，英国武装部队参与的冲突事件都有它的身影。巅峰时期，有超过100架掠夺者攻击机在皇家空军服役。南非空军曾接收过掠夺者攻击机，在南非与安哥拉的边境战争中提供近距离空中支援。

第二次世界大战后，英国皇家海军对苏联海军的迅速扩张感到担忧。苏联投用

布莱克本掠夺者 S.2

机身长度：	63英尺5英寸（19.33米）
机翼长度：	44英尺（13.41米）
机身高度：	16英尺3英寸（4.95米）
动力来源：	2台罗尔斯·罗伊斯"斯贝"MK 101型涡轮风扇发动机，每台推力为11100磅力（49千牛）
机组人员：	2人（飞行员和观察员）
最大空速：	200英尺或60米的高度下，时速为645英里（560节或1038公里）
续航里程：	2300英里（2000海里或3700公里）
武器挂点：	4个机翼下挂点，1个内部旋转弹舱，容量为12000磅（5443公斤）
可携带如下武器组合：	
火　　箭：	4个马特勒火箭舱，每舱装载18枚68毫米斯纳布火箭弹
导　　弹：	2枚用于自卫的AIM-9响尾蛇导弹，或2枚AS-37玛特尔导弹，或4枚海鹰导弹
炸　　弹：	各种非制导炸弹、激光制导炸弹以及红胡子或WE.177战术核弹

了高航速战列巡洋舰，其设计类似于"二战"时期的德国袖珍战列舰。苏联的新型战列舰速度快、机动性强，因此引起了极大的关注。1952年，英国皇家海军没有选择高价制造与之匹敌的战列舰，而是决定设计一种能从航空母舰上起飞的高速低空攻击机，能够携带大量载荷（也能携带核武器），对苏联海军实施打击。

鼎盛时期，有100多架掠夺者攻击机服役于英国皇家空军。

▲ 掠夺者的机翼向上折叠时，可看到引气系统的管道

▲ 掠夺者攻击机专为艰苦的海上环境而生

▲ 折叠式机翼的设计源于英国海军航空兵的需求

▲ 巨大的蛤壳式空气制动器改善了掠夺者低速飞行时的机动性

结构设计

根据设计要求，这款喷气式攻击机要飞得足够慢，以便在航空母舰上降落，同时也要飞得足够快，并携带足量载荷与敌方的舰艇作战。要知道，在1952年，喷气机技术还处于起步阶段，所以这是一项艰巨的任务。

凭借掠夺者S.1，布莱克本飞机公司拿到了新战机的开发合同，于1963年推出了S.2。其设计包括：可折叠的机翼便于舰艇存放；制动钩用于辅助降落；尾部的大型空气制动器帮助改善低速飞行时的操控性。此外，掠夺者还采用了一种叫"吹气襟翼"的空气动力学技术，也就是将喷气发动机排出的空气吹向机翼和飞行控制表面，从而提高升力，让飞机在低速飞行时能做出更好的回应。飞机折叠机翼时，可以看到机翼内部的引气系统管道。在当时，这种"边界层控制"方法是空气动力学的前沿技术。

掠夺者S.1的载荷能力不错，但动力不足，发动机一旦在低速着陆或从航母上起飞时发生故障，后果就不堪设想。为解决这个问题，S.2换上了功率更大的罗尔斯·罗伊斯"斯贝"发动机，动力提高了40%，燃油经济性也显著提升。S.2在服役期间表现优异，于1994年退役。

掠夺者还具备全天候作战能力，这在当时是非常罕见的。在早期电子飞控系统和机头雷达的加持下，掠夺者攻击机能够在恶劣天气下进行低空高速飞行。

掠夺者S.2攻击机搭载了罗尔斯·罗伊斯"斯贝"发动机，需要对进气口进行大量改进

动力来源

掠夺者S.1搭载了早期的德·哈维兰"三角章"涡轮喷气发动机,可提供7100磅的推力。在满载燃油和武器的情况下,这样的动力捉襟见肘。为了用于航母作战,掠夺者S.1必须先以最低燃油量起飞,然后再通过空中加油机补满燃料。这样的作战体系显然缺乏效率,必须加以改进。

经过改良的掠夺者S.2攻击机搭载了罗尔斯·罗伊斯的"斯贝"发动机,动力更为强劲,大大拓展了飞机的作战用途。虽然使用这款新发动机需要改动机身结构,包括进气口,但实战证明这些改动非常成功。

▲ 后座成员负责操作武器系统和导航。在紧急抛盖的情况下,独立的挡风玻璃能够提供额外的防护

 ▲ 起初，掠夺者是为了投放核武器而设计的

 ▲ 英国试射首款战术核武器——红胡子战术核弹

武器装备

> **特殊设计的旋转弹舱门可以在0.9马赫的最大空速下打开。**

设计之初，掠夺者攻击机的任务是向苏联军舰投放核武器。随着时间推移，掠夺者携带的载荷变化多样，这反映了那个时代对于军用开支的政治态度。掠夺者的武器本来是"绿奶酪"空射核弹，但后来该导弹的开发计划终止，掠夺者首次飞行携带的是2万吨当量的非制导"红胡子"核弹。

为了能在低空进行高速巡航，掠夺者S.2的弹舱采用了隐藏式设计，这需要设计一种特殊的旋转弹舱门，能够在0.9马赫的最大空速下开启。这个大型武器舱可以携带各种载荷，包括常规的非核炸弹。刚被交付给英国皇家海军时，掠夺者能够携带海军拥有的任何载荷。服役初期，掠夺者携带着常规炸弹攻击舰船，这是很危险的，因为需要牺牲低空能力来爬升投弹。后来，掠夺者经过升级能够携带海鹰导弹，具备了远程打击能力。

掠夺者还可以携带光学侦察吊舱和用于长距离飞行的转场油箱。机翼下的外挂点可以挂载各种武器。此外，激光目标指示系统也延长了掠夺者的服役周期，让其可以和新型的狂风战斗机并肩作战，提供支援。

◀ 2名机组人员坐在早期的马丁·贝克弹射座椅上。在喷气式飞机刚起步的时代，仪表布局基本比较随意

驾驶座舱

在串列式座舱内，2名机组人员一前一后坐在马丁·贝克公司生产的早期弹射座椅上。由于飞机结合了早期电子武器技术与机械飞行仪表，驾驶舱的布局乍一看有些杂乱无序。当时还没有现代化的平视显示器，飞行员必须观察舱内的所有仪表显示器。

后座的机组人员负责操作武器、电子对抗系统、安装在机头的雷达和武器控制系统。大型的一体式座舱罩为机组人员提供了防护。紧急弹射时，座舱罩可以投弃，后座乘员另有一片额外的挡风玻璃来抵御高速气流的冲击。

◀ 从左到右依次为：飞行员通过操纵杆调整飞行控制面（一般由液压系统驱动）；早期的喷气式飞机座舱没有平视显示器，第二个空速表辅助飞机在航母上降落；当时的喷气式飞机座舱首先考虑的是功能

▲ 第一次海湾战争期间（1990—1991年），掠夺者在短短72小时内就完成了重新喷涂和重新装备，以适应沙漠作战环境

角色多样

尽管掠夺者的本色是一款表现优异的快速海上攻击机，但它更广为人知的角色是英国皇家空军的喷气式战斗机。

最初，布莱克本公司提议用掠夺者替代堪培拉战斗机，不过英国皇家空军坚持要求新型喷气式飞机可以超声速飞行，因此掠夺者未能获得青睐。20世纪60年代中期，军事装备采购受到政治动荡的影响，开支削减、军种间互不信任和彼此竞争愈演愈烈，英国陆海空三军都在努力维护各自的预算和作战能力。

TSR-2项目终止后，争议不断，布莱克本公司的提议被重新提上了日程。1957年，英国备受争议的《国防白皮书》要求海军航空母舰退役，打击海上目标的任务转由皇家空军承担。

尽管英国皇家空军可能不愿接受掠夺者，但实战证明它对于部队来说是一笔宝贵的财富。由于帕那维亚狂风战斗机的开发计划延迟，掠夺者继续发光发热。即便在狂风战斗机投入使用后，掠夺者仍然继续执行任务。1991年海湾战争期间，掠夺者迅速完成部署，一时声名鹊起。短短72小时内，掠夺者进行了装备更新，换上了沙漠涂装，并配备了激光指示引导系统。一架掠夺者与两架狂风战斗机并肩飞行，先使用激光"指定"目标，然后由狂风战斗机投放智能炸弹。

掠夺者服役期间，鹞式和美洲虎等更为现代化的战机相继问世，但在1957年英国《国防白皮书》至1991年海湾战争的综合背景下，经济高效的掠夺者仍发挥着举足轻重的作用。

技术统计

照片中的飞机型号为XN974，是第一架掠夺者S.2攻击机。在英国皇家航空研究院完成测试之后，XN974被送往英国皇家海军鹰号航空母舰进行海试，随后飞往美国，在内华达州进行高温天气试验。

XN974在其整个生命周期里一直被用作开发测试平台。随着政治和军事大环境发生改变，武器系统和新型电子战系统都要在XN974上进行测试，然后再投入前线部队使用。这架飞机现存于英国约克郡航空博物馆，保持着地面运行状态，在举办活动时经常可以看到它在跑道上滑行。

▲ 20世纪60年代中期，英国皇家海军鹰号航空母舰的甲板上停放着布莱克本掠夺者攻击机

帕那维亚狂风

欧洲的多功能主力战机经受住了时间的考验，
服役超过50年

图文/尼尔·沃森

▲ 帕那维亚圆形图案的三个部分代表英国、德国和意大利国旗的颜色

帕那维亚狂风

机身长度：	16.72米（54英尺10英寸）
机翼长度：	13.91米（45.6英尺）
机身高度：	5.95米（19.5英尺）
机翼面积：	26.6平方米（286平方英尺）
满载重量：	20240公斤（44620磅）
动力来源：	2台涡轮联合RB199-34R MK 103型加力涡轮风扇发动机
机组人员：	2人
最大空速：	在9000米（30000英尺）的高度，空速能达到2.2马赫（2400公里/小时 或 1490英里/小时）
续航里程：	1390公里（870英里）

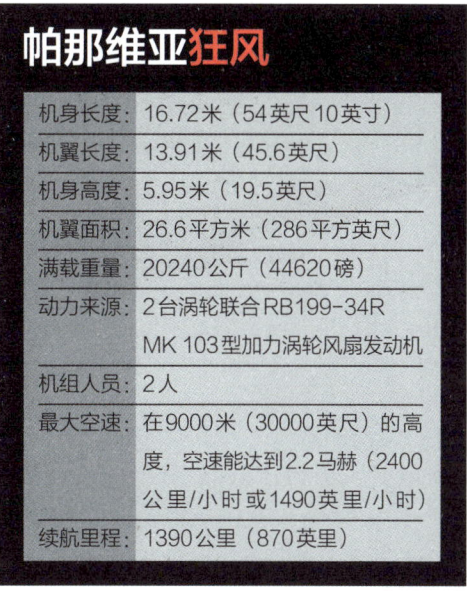

由2名机组人员驾控和超声速飞行能力让狂风战斗机成为出色的武器平台

▲ 狂风战斗机的多功能秘诀在于多样的外部武器携带能力

第二次世界大战结束时，早期喷气技术开始应用于前卫的飞机设计，诞生了诸如阿芙罗火神式轰炸机、格罗斯特流星战斗机和美国洛克希德T-33教练机等喷气机型，这些新式飞机取代了使用活塞发动机的老旧飞机。由于喷气发动机技术发展迅猛，后掠翼等空气动力学结构进一步发展，早期喷气式飞机很快就过时了。一些国家意识到，开发下一代快速喷气式飞机将耗资巨大。

20世纪60年代，世界各国空军部队，包括英国皇家空军，开始展望未来，评估自身对于高速喷气式战斗机的需求。最终，英国皇家空军决定淘汰本国的布莱克本掠夺者攻击机和阿芙罗火神式轰炸机。此外，英国还取消了开创性的TSR-2项目，同时认定美国通用动力的F-111战斗机不合适。尽管这一决定在当时引发了争议，但英国仍在继续寻找解决方案。无独有偶，德国、意大利、荷兰、加拿大和比利时等国家也在寻找能够替换老旧的F-104星式战斗机的机型。

结构设计

各国战斗机的构造都已过时,迫切需要更新迭代。不过,他们的需求不尽相同,因此这些国家决定联合开发一款多用途飞机,要执行低空对地攻击和高空精确轰炸任务,还要胜任截击机或者战斗机的角色。出于政治原因和作战要求上存在分歧,加拿大退出了开发计划,因为它认为飞机制造的全流程都会在欧洲进行,而比利时则选择了法国幻影5战斗机。

1968年,该项目被命名为多用途战斗机(MRCA)。次年,英国、德国、意大利的航空航天公司联合成立了一家名为帕那维亚的公司,负责开发和制造新型喷气式飞机。

可变几何翼技术首次在欧洲项目中得到应用,这种设计可以让飞行员在低速飞行时将机翼前掠,以改善升力和着陆时的机动性,还可以将机翼后掠来进行高速飞行。第二次世界大战结束时,巴恩斯·沃利斯爵士(Sir Barnes Wallis),也就是英国惩戒行动[①](Dambuster)中"弹跳炸弹"的发明者,提出了这一概念,但当时没有

---

① 又称轰炸鲁尔水坝,是英国皇家空军第617中队在1943年执行的一次轰炸任务的官方代号。

▲ 罗尔斯·罗伊斯公司参与开发的加力涡扇发动机提供了超声速飞行性能

▲ 可变几何翼虽然复杂，但在各种飞行速度下都能提供良好的操控性

得到任何英国飞机制造商的青睐。美国F-111战斗机是首个采用可变翼技术的机型，随后狂风战斗机也使用了这种被称为"摆动翼"的技术，以满足多样化的作战需求。

1971年，参与项目的各国政府签署了一项协议，联合开发一款双座双发动机的飞机，配备可切换的外部载荷，能够在恶劣天气下低空飞行，突破敌方防线，投放多种载荷。英国还希望该机型有一种截击机版本，也就是随后推出的、拥有更长机头的F2和F3。

首架飞机于1974年8月升空，随后的试验机型于1976年进行试飞。由于各国对载荷的需求不尽相同，再加上复杂的可变机翼技术，狂风战斗机从设计之初到最终生产的各个环节都极为困难。与"一战"轰炸机不同的是，这款飞机没有内部炸弹舱，所有武器和其他载荷都在机翼和机身下方携带。

随着机翼后掠，飞机进入高速飞行模式，任何机载的武器或外部油箱都必须与飞机的中轴线保持对齐。此外，机翼后掠会改变飞机的整体重心，所以当时的飞行控制系统融合了电动机械和液压系统，还加入了早期的稳定性增强技术。1979年，在首批飞机投入前线使用之前，开发团队还专门研制了静态控制装置，以确保各项系统和技术能够有效运行。

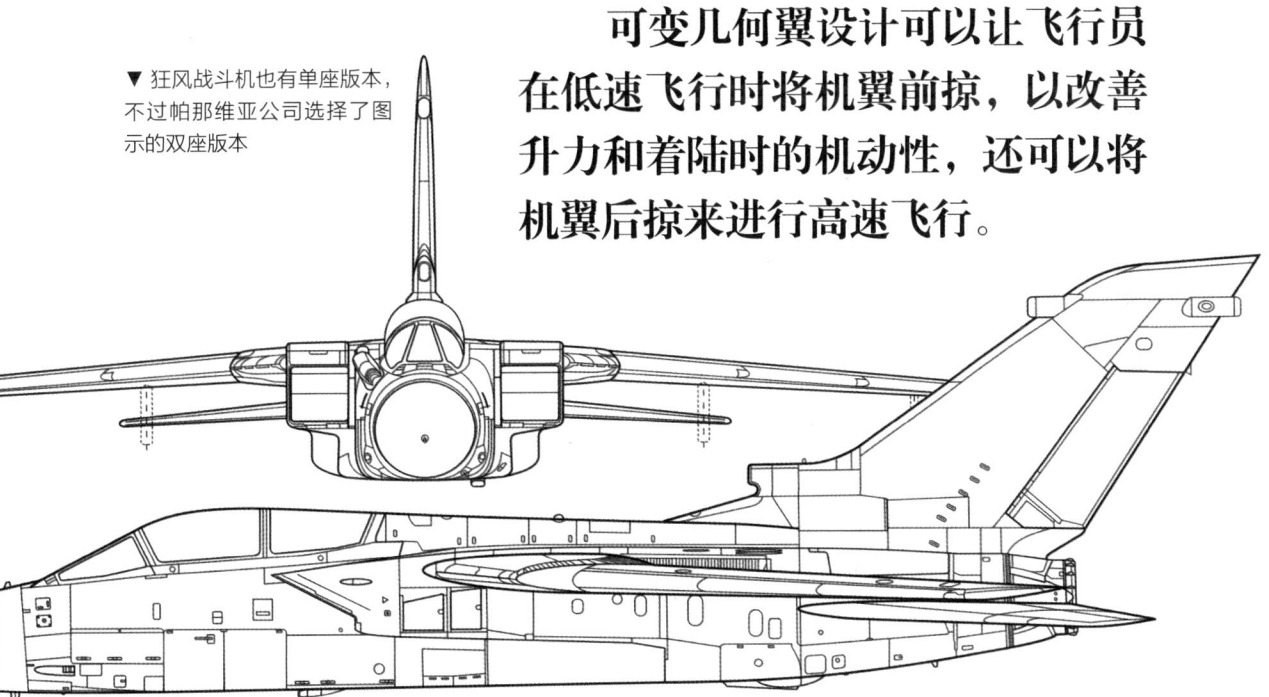

▼狂风战斗机也有单座版本，不过帕那维亚公司选择了图示的双座版本

可变几何翼设计可以让飞行员在低速飞行时将机翼前掠，以改善升力和着陆时的机动性，还可以将机翼后掠来进行高速飞行。

▲ 加力发动机将燃油喷射到燃气流中

▲ 由罗尔斯·罗伊斯开发的双引擎稳定可靠且易于维护

> 发动机有加力燃烧室，可将燃料注入排气系统从而在短时间内大幅增加动力。

动力来源

罗尔斯·罗伊斯专门为狂风战斗机设计了RB199型发动机。罗尔斯·罗伊斯公司利用了协和式客机开发过程中的技术和经验，选定一架火神式轰炸机用于试验，将这种新型发动机安装在试验机的特制吊舱中进行试车，这跟当时协和式飞机测试奥林巴斯发动机的方式如出一辙。最终的发动机设计由名为涡轮联盟（Turbo Union）的发动机联合企业生产，这个联盟由罗尔斯·罗伊斯、德国发动机和涡轮机联合公司（MTU）以及意大利菲亚特公司组成。

发动机采用模块化构造，这让飞机在服役期间可以只更换发动机模块，而无须更换整台发动机。因此，作战效率得到了提高，飞机在受到任何损伤后可以迅速恢复使用。

狂风战斗机搭载两台RB199型发动机，还配有当时非常先进的数字控制系统，可以减轻飞行员的工作负担。发动机有加力燃烧室，可将燃料注入排气系统从而在短时间内大幅增加动力。发动机还配备了反推力功能，可以提高飞机着陆时的制动性能。

武器装备

狂风战斗机的设计初衷是实现载荷的多样化,这就意味着服役于不同空军部队的狂风战斗机可以携带不同类型的有效载荷。主机身下有4个轻型和3个重型外挂点用于安装武器,机翼下另有4个外挂点可以挂载9000公斤的炸弹和其他物资,包括远程转场油箱、可在超声速下使用的短程战术油箱,以及空对地和空对空导弹等。起初,机身右舷还安装了2门毛塞机炮,但后来的机型移除了1门。

狂风战斗机可以携带AIM响尾蛇导弹、先进短程空对空导弹、小牛空对地导弹、硫磺石导弹,甚至是阿拉姆反辐射导弹,用于打击敌方的电子设备。此外,狂风战斗机还能携带宝石路炸弹、BL-755集束炸弹,甚至是战术核武器。

狂风战斗机的挂载点不仅可以携带导弹和炸弹,还可以安装其他设备,包括远程燃料箱和外部航空电子吊舱,如"拉斐尔"监听单元、激光制导系统以及"天影"电子对抗和干扰设备。

▲ 虽然机翼下的外挂点必须搭配可变翼技术使用,但很好地拓展了飞机的功能

驾驶座舱

2名机组人员都坐在先进的马丁·贝克Mk10型弹射座椅上，这些座椅整合了涉及抗荷服、氧气供应、通信和空调系统的个人设备连接装置。弹射座椅还有人们熟知的"零零"功能，也就是在零速度和零高度的情况下实现安全弹射，让受困的机组人员得以逃生。不仅如此，座椅的逃生性能也适用于50000英尺（15240米）的高度和630节（1167公里/时）的速度。驾驶舱宽敞，主仪表板和侧面板上有足够的空间容纳复杂的航空电子系统。

飞行员前方配备了平视显示器，能够将关键的飞行信息投射到挡风玻璃上，让他们作战时能够专注于外部环境，而无须看向座舱内部。后座的机组成员负责控制各种武器系统，评估目标和威胁，还要操作安装在碳复合材料头锥后方的先进雷达系统。

▲ 飞行员通过平视显示器查看信息

▲ 后座的机组成员负责战术、导航和武器选择

狂风战斗机的驾驶座舱在服役期间经历了多次升级

驾驶舱很宽敞,主仪表板和侧面板上有足够的空间容纳复杂的航空电子系统。

服役历史

狂风战斗机一直服役于英国皇家空军、德国空军和意大利空军。沙特阿拉伯购买了近100架狂风战斗机,用于中东地区的行动。

服役期间,狂风战斗机多次被计划更替。尽管如此,历经数十年战火考验,狂风战斗机的关键角色证明了其地位。由于自身卓越的表现、机组成员的喜爱以及替换计划的成本超支和延误,狂风战斗机进行了一系列中期升级,目的是确保部分战机能够保持活跃至今。20世纪90年代,英国皇家空军将许多初代的GR1升级为GR4。

这些升级主要改善了飞机的武器装备和飞行技术。随着数字系统的发展和GPS定位技术的普及,飞机配备了最新的雷达、飞行和导航系统。到了2005年,德国仍对狂风战斗机进行了进一步的软件和技术升级,使其在作战时能够与友军飞机交换战术和雷达信息。

如图所示的是GR4升级计划的雏形。在应用于前线的GR4狂风战斗机之前,所有新的系统和软件均在这架飞机上完成测试和开发。目前,该飞机保存于英国约克郡航空博物馆。

狂风战斗机的设计始于20世纪60年代,其他同时期的机型可能已是博物馆展品,而GR4在2015年仍是前线的作战飞机。即便是欧洲新近的台风战斗机,也不完全具备GR4的对地攻击和支援能力。放眼过往和当前的冲突,但凡需要对地面部队进行近距离支援,或实施精确轰炸,GR4均发挥了重要作用。

狂风战斗机的主要用户正在逐步淘汰这款飞机,但是过程相当漫长。这种难断舍离的状态,可能与狂风战斗机最初的设计目的有关。当今世界,一个国家面临的威胁林林总总,这就需要武装部队具备执行多种任务的能力,而这款多用途战斗机确实用途广泛。

▲ 服役末期，狂风战斗机重新喷涂成低可见度的灰色

历经数十年战火考验，狂风战斗机的关键角色证明了其卓越地位。

▲ 这些狂风战斗机为欧洲和沙特阿拉伯的空军部队所有，常常在北约演习中采用独特的涂装以示庆祝

F-15 鹰式

这款美国双发战斗机是最成功的现代战斗机之一

双发动机
最初选择搭载2台普拉特·惠特尼F100-PW-100型、200型或229型涡轮风扇发动机，并配备加力燃烧室，因为当时认为双发动机的配置能够更快速地响应油门变化。

航电系统
F-15的驾驶舱内配有多任务航电系统，其中包括先进的雷达和敌我识别系统。

1972年，F-15A进行了首次飞行，这便是两年后美国空军旗舰战斗机的原型机。第一架F-15鹰式战斗机于1974年11月交付，14个月后，鹰式战斗机正式成为美国空军的一分子。

F-15战斗机在美国军事行动中扮演着重要角色。海湾战争时，特别是在1990年

F-15 鹰式

服役时间：	1974年
制造国家：	美国
机身长度：	19.45米（63英尺9英寸）
机翼长度：	13.05米（42英尺10英寸）
续航里程：	5552公里（3450英里）
动力来源：	2台普拉特·惠特尼F100-PW-100型、200型或229型涡轮风扇发动机（带加力燃烧室）
机组成员：	1人
武器装备：	1挺0.787英寸（20毫米）口径M61A1型火神六管旋转机炮，4枚AIM-9响尾蛇导弹和4枚AIM-120先进中程空对空导弹，或8枚AIM-120先进中程空对空导弹，外部挂载

◀ F-15鹰式战斗机已成为标志性的战斗机

武器装备

F-15战斗机提供了多种武器选择；飞机内部安装了1门六管机炮，外部最多可挂载8枚AIM-120先进中程空对空导弹（AMRAAM）。

这款飞机能够探测、锁定、跟踪和攻击敌机，这样的能力让其备受青睐。

▲ 一架F-15鹰式战斗机穿越风暴

所谓的沙漠盾牌和沙漠风暴行动中，F-15C型、D型和E型得到了广泛应用。F-15战斗机的设计方麦克唐纳·道格拉斯公司"自豪地"宣称，在与伊拉克军队的空战中，美国获得了39次胜利，其中的36次都是他们生产的战斗机取得的。

功能强大、用途广泛的F-15战斗机并不只有美国单方面认可，日本航空自卫队也拥有200架三菱F-15J型战斗机。另外，沙特阿拉伯皇家空军拥有211架F-15战斗机（截至2022年）；以色列空军也是F-15的忠实用户，自1977年以来一直使用这款飞机，2022年有84架在役。1979年，以色列入侵黎巴嫩，以军王牌飞行员摩西·梅尔尼克（Mishe Melnik）驾驶F-15完成了首次击杀。

多年来，麦克唐纳·道格拉斯公司推出了几种新型号的F-15：单座的C型和双座的D型于1979年交付美国空军。这款飞机能够探测、锁定、跟踪和攻击敌机，这样的能力让其备受青睐，它的设计能让单名飞行员安全高效地进行空对空作战。

F-15是一种高度机动的战斗机，这得益于高推重比和低翼载荷，以及其他许多战斗机所没有的多任务航空电子系统。

◀ F-15鹰式战斗机在威尔士的马赫谷飞行

▲ 迄今为止，F-15战斗机在空战中未尝败绩

驾驶座舱

F-15的驾驶舱内配有少见的多任务航空电子系统，包括平视显示器、先进雷达、惯性导航系统和仪表着陆系统。通过平视显示器的投影，飞行员可以在风挡玻璃上看到航电系统收集的所有关键飞行信息。

根据型号的不同，F-15的驾驶舱可以容纳1至2人不等，机上的脉冲多普勒雷达系统能够排除地面杂波干扰，无论目标飞行高度如何、速度快慢，都可以对其进行追踪。

F-15的驾驶舱配备了多任务航空电子系统,这种系统在其他机型上很少见。

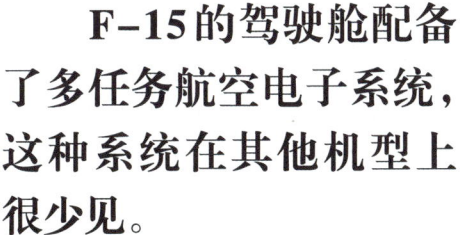

一架美国空军的F-15鹰式战斗机在垂直爬升时释放曳光弹

武器装备

F-15不仅能够进行空对空作战,还能执行对地攻击任务,随着时间的推移,其装备和武器得到了改进。

F-15A型、C型和D型可以在机翼下的挂架上装载AIM-120先进中程空对空导弹、AIM-9响尾蛇导弹和AIM-7麻雀导弹,而F-15E型则配备了精确制导装备和各种载荷。此外,右侧机翼的翼根内部还有1门M61A1型20毫米口径六管机炮,备弹940发。

▲ 部分F-15鹰式战斗机的机型在机翼下挂有导弹

▲ F-15是一款能够获得空中优势的全天候战术战斗机

结构设计

F-15的机身是全金属制成的半硬壳式结构，具有大型悬臂式肩挂翼。两片垂直尾翼位于短机身的后部，大型可调节的斜坡式进气道位于机翼前部的机身两侧。

F-15的战略定位是作为空中优势战斗机制霸天空。凭借先进的结构设计、武器装备和技术规格，这一目标确实得以实现，该机型在首飞50年后仍在服役。

图片所属

8、50、166页 Nicholas Forder

9、10页 © Getty

11页 © Alamy

12、20、202页 Battlefield Design

14页 Wiki / PD / Gov, Alamy

15页 Wiki / PD / CC / Alan Wilson

16页 Wiki / PD / CC / Colgill, Wiki / PD / CC / Alan Wilson

17页 Wiki / PD / CC / Nimbus227, Wiki / PD / Australian Government

18页 Wiki / PD / CC / Archives New Zealand, Wiki / PD / Andrew Helme

19页 Wiki / PD / CC / Provincial Archives of Alberta

21页 © Alamy

22—29页 © Alamy unless otherwise stated

36—39页 © Alamy, Mary Evans

42页 Wiki / PD / Gov, © Alamy

43、44页 © Alamy

45页 © Getty

46页 © Alamy

47页 Wiki / PD / Roland Turner, Wiki / PD / US, © Alamy

48页 Wiki / PD / Library of Congress

49、52页 © Alamy

53页 Wiki / PD / Gov, © Alamy

54—59页 © Alamy

62页 owned by the Boultbee Flight Academy

68页 © John M. Dibbs

71—73页 Alamy, Boultbee Flight Academy, Getty

74、104、114、136页 Alex Pang

75—81页 © Alamy

63页 © Neill Watson unless otherwise stated

84、85、91、93页 Wiki / PD /Gov

94页 © Neill Watson unless otherwise stated

96页 Wiki / Bundesarchiv, Bild 101I-649-5382-31A / Lechleitner / CC-BY-SA 3.0

98页 Wiki / Bundesarchiv, Bild 101I-662-6659-37 / Hebenstreit / CC-BY-SA 3.0

100、103页 Wiki / PD /Gov

108—113页 Alamy, Getty

120—123页 Alamy, Getty, Ken LaRock

130—133页 Getty, Wiki / PD / Gov

140—143页 Alamy, Wiki / PD

152—155页 Wiki / PD / Gov, Thinkstock

158—165页 Wiki / PD / Gov

168—178页 © Alamy

180—181页 Wiki / PD /Gov

182—201页 Neill Watson, Wiki / PD / Gov

203、204、206、207、209页 © Alamy

208页 © Getty